医療機器開発とベンチャーキャピタル

経営者新書

大下 創
HAJIME OSHITA
池野文昭
FUMIAKI IKENO

GENTOSHA
幻冬舎MC

はじめに

治療不可能な少女を救ったベンチャー企業の決断

今からおよそ10年前、カナダの13歳の少女が頭部に痛みを訴え、病院で診察を受けた。病名は、脳動脈瘤――。

通常の動脈瘤であればクリップ術という外科的な開頭手術か、コイル塞栓術という内科的治療（血管内治療）で治るものが多い。しかし、この少女の動脈瘤はいずれの治療法も使えない、巨大脳動脈瘤であった。

医師の診断は、「残念ながら現在の医学では治す方法がありません。このまま様子を見るしかありませんが、5年以内に8割ほどの確率で破裂する可能性があります」というものだった。動脈瘤が破裂すると、くも膜下出血などを引き起こす。言うまでもなく、致死率の高い重篤な疾患だ。

途方に暮れた少女の両親は、米国で最先端の施設として知られる大手病院を探し当て、再検査を受けた。

すると、医師からこう告げられた。

「娘さんを助けられる治療法が一つだけあります。カリフォルニアにあるチェスナットメディカルという会社が開発している、パイプラインステントという医療機器を使った治療です。ただ、この製品は欧州では承認されていますが、米国ではまだ承認されていないので、リスクもありますし、この製品を作った会社から許可をもらわないと使用することができません」

米国人でこの医療機器を使ったことのある医師は、その時点ではこの医師だけだった。未承認品であっても、医師が自己の責任で使用することは制度上可能であるが、機器の提供など、開発した企業の協力が必要となる。

両親はパイプラインステントを使用した治療を希望し、この医師からチェスナットメディカル社に連絡が入った。

当時、筆者（大下）は、同社にベンチャーキャピタリストとして参画していた。動物実験で使用したばかりのパイプラインステントを見た瞬間に衝撃を受け、その二週間後に投資を実行してから、数年が経っていた。その間に、三度の投資を実行し、同社に最も多くの金額を出資しているベンチャーキャピタルとなっていた。

かくして、この医師の求めに対し会社としてどういう選択をすべきか、投資家である筆者も参加する取締役会で議論が行われた。取締役5名のうち、4名はベンチャーキャピタルや個人投資家のメンバーで、いずれも医療機器分野に詳しい。

その頃、同製品は既に欧州では承認され、限定的な施設では使用が始まっていた。通常では治療不可能と思える患者が、奇跡的に助かっている症例が学会等で報告され始めていたのである。

しかし、同社は米国においては、ＦＤＡ（アメリカ食品医薬品局）の承認を受けるための臨床試験を準備しているところであった。もし、未承認の同製品の使用によってなんらかの合併症が起こった場合、ＦＤＡに対する心証も悪くなり、臨床試験の準備に悪影響を与える可能性がある。

ＦＤＡでの承認は会社にとって、経営上の最重要事項だ。一方、手術が成功したとしても、会社としてのメリットは医師と患者および家族に感謝されるだけ。ビジネス上のリスク対べネフィットを考えれば、製品使用を許可しない方が、経営的な判断として正しいことは明白だった。

しかし、医師でもあるCEOがこう発言した。

「こういう患者を助けるために、俺たちはこの製品を開発してきたんじゃないのか？」

CEO自身の息子が当時、その少女と同じ年齢だったことも、彼の意思決定にいくばくかの影響を与えたのかもしれない。

ベンチャーキャピタルにとっても、最重要は投資先の成功であり、この少女を助けることとその成功は直接的にはリンクしない。合理的な判断なら、治療すべきではなかった。しかし、取締役は全員賛成した。もちろん、客観的に症例を検討し、手術のリスクは低いことを確認した上での判断だが、結果として、少女の治療は行われた。

そして、パイプラインステントを用いた治療は無事に成功した。少女の動脈瘤は完治し、家族や担当医からは感謝状が届いた。ビジネスとしてのリターンは全く期待していなかったが、こういった一つひとつの成功から社員のモチベーションもさらにアップした。「自分が作った製品が、患者の命を救う」、開発者や技術者にとって、これ以上のやりがいがあるだ

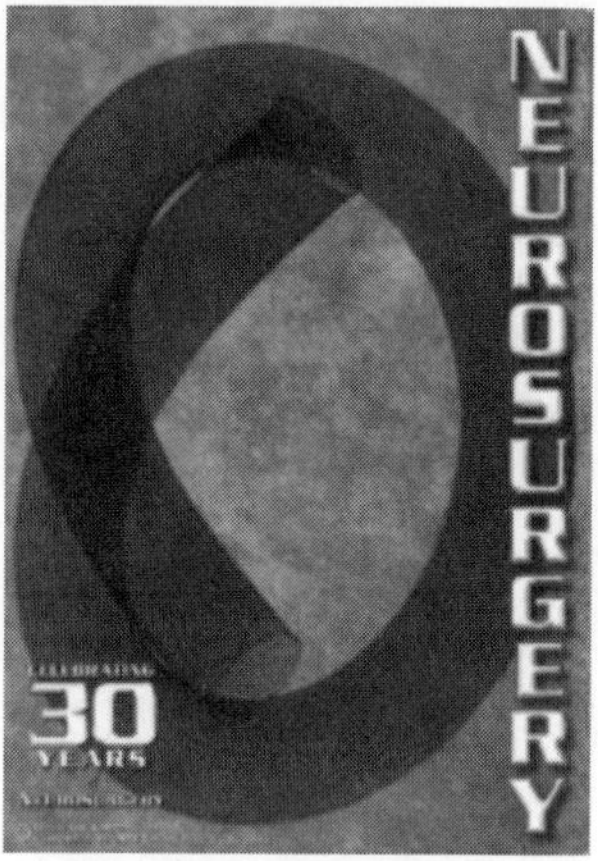

May 2008. Neurosurgery表紙より

ろうか。そして、パイプラインステントは、多くの治療不可能と思われた患者の治療に成功し、革新的な医療機器として認められ、権威ある世界的な雑誌の30周年記念号の表紙を飾る。全てが良い方向に動いていった。

その後、チェスナットメディカル社は２００９年、金融危機という逆風の真っただ中、最悪の経済状況にもかかわらず大手企業によって買収され、ベンチャー企業として大成功を収めた。同社のパイプラインステントは２０１１年にＦＤＡから承認され、アメリカでも爆発的な販売を記録。日本でも２０１５年に承認を取得し、今では、世界中の同分野の医師で知らない医師はいない。

医療技術の進歩は医療機器の進化といっても過言ではない。

いま紹介した例のような多くのベンチャー企業と、それを支えるベンチャーキャピタルが、世界中の最先端の医療機器開発に貢献しており、そこには無数のドラマがある。

本書では、医療機器ベンチャーに関心のある人、あるいは革新的な新製品のアイデアや技術力を持つすべての人に向け、新しい医療機器が生み出される仕組みとプロセスを分かりやすく解説した。第1章から第4章までは大下、第5章については主に池野が執筆している。

本書によって、多くの日本人、特に医療関係者がベンチャー企業とベンチャーキャピタルについての理解を深め、それによってより多くの医療機器ベンチャーが日本から出現することを願ってやまない。

大下 創
池野 文昭

医療機器開発とベンチャーキャピタル　目次

はじめに　治療不可能な少女を救ったベンチャー企業の決断　3

第1章　ベンチャー企業を生み出す医療機器の「エコシステム」　15

ベンチャー企業とは何か？　16
ベンチャー企業の特徴　18
革新的な医療機器は主にベンチャー企業から　21
医療機器の輸入超過の原因はベンチャー企業にもある　24
医療機器ベンチャーのエコシステム　27
日本にも、医療機器エコシステムを　38
医療機器のエコシステムが生まれる条件　43
「エコシステム」における大企業とベンチャー企業の関係　45
「エコシステム」において期待される医師の役割　51

第2章　医療機器産業におけるベンチャー企業の強みと役割　53
ベンチャー企業の開発スピードはなぜ速いのか　54
医療機器ベンチャーの資金調達　57
補助金と投資の違い　59
医療機器ベンチャーの出口戦略　61
医療機器のライフサイクル　63
海外企業に売却することは、国内の医療機器産業発展に良いことなのか？　67
ベンチャー企業は大手企業に勝てるのか？　69
大手企業のM＆Aストライクゾーン　70
大手企業が自社で手掛ける製品とは？　74
中小企業とベンチャー企業との違い　78
成功してお金持ちになることは良いこと？　80
起業を繰り返すベンチャー企業の魅力　81
ベンチャー企業で働くリスク　83

第3章　ベンチャーキャピタルの役割　87

ベンチャーキャピタルが支える医療機器ベンチャー　88
アメリカにおけるベンチャーキャピタルの歴史　93
銀行とベンチャーキャピタルのビジネスモデルの違い　97
ベンチャーキャピタルの仕組み　105
ベンチャーキャピタルの投資はリスクのある投資　108
ベンチャーキャピタルにはそれぞれ得意分野がある　111
投資案件の発掘方法　113
目利きの重要性　116
成功のカギを握るリードインベスター　121
将来の企業価値などから判断　124
ベンチャーキャピタルの投資は優先株で行う　126
投資を断るとき　127
MedVenture Partners 設立の経緯　129
ベンチャー企業に携わる素晴らしさ　131
国内医療機器ベンチャー育成への想い　134

第4章　医療機器ベンチャーが成功するためのヒント　137
ニーズと市場規模を重視する　138
ひとつの製品に特化する　140
開発資金は将来の企業価値から逆算する　142
ゴールは大きく狙う　144
大手企業との付き合い方　145
インキュベーション会社との協業　147
MedVenture Partners の投資プロジェクト例　149

第5章　医療機器開発における世界と日本の新たな潮流　159
アイデアについて　160
医療現場からの医療機器開発の歴史　161
革新的な医療機器開発の成功方程式　163
スタンフォード大学の医療機器人材育成講座　165

「バイオデザイン・プログラム」のカリキュラム 168
実社会からの実学を教える講師とグローバルプログラム 172
米国内から海外へも展開 174
「ジャパン・バイオデザイン」がスタート 176

おわりに　ベンチャーキャピタルがつくる医療機器産業の未来とは？ 182

第1章　ベンチャー企業を生み出す医療機器の「エコシステム」

ベンチャー企業とは何か？

「ベンチャー企業」と聞いて、みなさんは何を思い浮かべるだろうか。

この言葉は日本でも既に一般的な用語となっているが、その実、定義は非常に曖昧だ。ネットベンチャーや新興ベンチャーといったなんとなくのイメージが先行し、既に大企業である会社や中小企業も、イメージだけで「ベンチャー企業」と呼ばれている現状がある。

一方で、いわばベンチャー企業の本場であるアメリカではどうだろう。

アメリカではベンチャー企業は「スタートアップ」と呼ばれる。そして、スタートアップ＝ベンチャー企業の定義は明確だ。それは、

ベンチャーキャピタルから出資を受け、新規株式公開（ＩＰＯ）や大手企業による買収（Ｍ＆Ａ）を目標にする設立間もない企業

ということである。

つまり、ベンチャーキャピタルから出資を受けていない企業はベンチャー企業ではなく、単なる中小企業。また、既に上場した会社は上場企業であり、これもまたベンチャー企業で

はない。

このことは、私たちがベンチャーキャピタルとして投資を行っている医療機器分野をはじめとするバイオ、ＩＴなど研究開発型のベンチャー企業では、特に重要な意味を持つ。

研究開発型のベンチャー企業は、すぐには売上が上がらないにもかかわらず多額の開発資金を必要とする。銀行のような間接金融での資金調達は難しく、直接金融によるベンチャーキャピタルのリスクマネーが必要不可欠なのだ。

しかし、日本国内で投資活動を行っていると、ベンチャーキャピタルに対する理解度のあまりの低さに愕然とすることが多い。研究者や医師からは、ハゲタカファンドやマネーゲームをしている金融屋のようなイメージで見られることも多い。実際、我々の役割や存在価値を理解してもらうだけで、かなりの労力を必要とする。

筆者（大下）がシリコンバレーでベンチャーキャピタルに携わっていた際に投資した、米国のいくつかの医療機器ベンチャーは、今も医療現場で使われている世界最先端の医療機器を開発し、多くの患者を救っている。これらの医療機器ベンチャーは、そもそもベンチャーキャピタルが投資していなければ、会社自体が存在していなかったというケースも多いし、筆者（大下）自身が関わってきたベンチャー企業の多くも、我々の投資がなければ、開発は進まず、製品が世界中の患者に届くこともなかった。

医療機器の発展の歴史の一翼は間違いなく、このようなベンチャー企業とベンチャーキャピタルが担ってきたのである。

ベンチャー企業の特徴

アメリカのスタートアップと同じ意味でのベンチャー企業は業種とは関係ないし、また規模とも基本的には関係ない。ただ、ベンチャー企業にはいくつかの特徴がある。

まず、どんな分野であれ、いままでにない新しいアイデアや技術によって、世の中を変える商品やサービスを提供する「イノベーション」を生み出すことが大前提だ。単に、いままでの商品やサービスと同じものを手掛ける二番煎じのビジネスは、ベンチャー企業のやるべきビジネスではない。

組織にも特徴がある。最初は創業者を中心としたごく少人数のチームで運営されるのが普通で、メンバーのそれぞれが特定の分野に強みを持っていることが多い。そうしたメンバーがひとつのチームを構成し、四六時中顔を突き合わせ、ビジネスの立ち上げと事業化へ邁進する。

大企業のように、全てが揃っている環境ではなく、会社として足りないモノも多いが、大した問題ではない。大切なのは、目標に向かって強力で効率的に推進するチームをつくれるかどうかであり、それがベンチャー企業が成功するかどうかのカギを握る。組織の体裁が重要なのではなく、あくまで中身の勝負なのだ。

アメリカのベンチャー企業（スタートアップ）ではそのほか、社外取締役やアドバイザーが加わる。社外取締役は通常、ベンチャーキャピタルなどの投資家やその他の専門家がなり、アドバイザーはターゲットとする事業分野や市場に精通している経験者を招く。

商品やサービスの開発にあたっては、マーケットサイズの想定が重視される。すでに存在する既存の市場に加え、未開拓の潜在市場をどう評価するか、またどう攻略するかで成長性が決まってくるからだ。

よく言われるのは、自分たちがつくりたいものにこだわり過ぎたり、もともとのアイデアや技術からの発想だけをしていると失敗しやすいということだ。ベンチャー企業もビジネスを行う組織であり、ビジネスは顧客とマーケットが存在して初めて成立する。顧客層のニーズに合わなかったり、市場の規模自体が小さければ、成功はおぼつかない。

そのため欠かせないのが、ニーズ発掘とマーケット調査だ。どんなに素晴らしいアイデアや技術であっても、それを使って世の中のどのような問題を解決するのかが明確でないと成功するのは難しい。

また、ベンチャー企業では通常、商品やサービスはまだ完成しておらず、ビジネスモデルも未確立であり、売上がないケースは珍しくない。そのため、外部の投資家から資金を調達し、従業員の給料やプロダクトの開発費用、臨床試験費用等を賄う。初期の段階では、自己資金や補助金を使うことも多いが、金額は限られており、投資家によるまとまった資金が中心にならざるを得ない。

「ベンチャー企業の成長段階は一般に、「シード」「アーリー」「ミドル」「レート」に区分され、成長段階に応じてベンチャーキャピタルなどから資金を集める。

毎回の資金集めは、「ラウンド」や「シリーズ」と呼ばれる。こうした資金調達にあたっては株式の一部を投資家に渡すため、株式の価値をどう評価するかが非常に重要だ。株式評価はベンチャー企業と投資家との間のせめぎ合いとなる。

そして、これが最も重要な点だが、ベンチャー企業は売上がなく、外部の投資資金で運営されている以上、のんびり成長しているわけにはいかない。通常はベンチャーキャピタルからの資産調達後、3～5年程度でＩＰＯ（新規株式公開）や大手企業によるＭ＆Ａ（買収）を目指す。

ベンチャーキャピタルのファンドの運用期間は最長でも10年ほどなので、投資を受けてから10年たってもＩＰＯや大手企業によるＭ＆Ａまで到達していないベンチャー企業は、失敗とみなされることが多い。

革新的な医療機器は主にベンチャー企業から

このような本来の意味でのベンチャー企業の特徴を知れば、多くの分野で画期的な製品が、一般的な中小企業や大手企業ではなく、ベンチャー企業から生まれるようになっていることが理解できるだろう。医療機器も例外ではない。

以前は、大手医療機器メーカーも自社で新製品の開発を盛んに行っていた。しかし、新しい医療機器の開発プロセスでは、初期段階でのリスクが高い。

最初にして最大のハードルは、はじめて人体で試験を行うFirst In Man（ＦＩＭ）だ。人で使用する前にはもちろん製品の耐久性、生体適合性等の非臨床試験、動物実験等を行う。そして、患者本人や関係者の事前同意、医療機関の内部審査などきちんとした手続きを経てＦＩＭを行うのだが、失敗するリスクは排除できない。

大手企業の場合、もし人での試験に失敗すると企業としてのブランドイメージを損なったり、既に販売している自社製品が多数ある中で病院や行政、患者などに対する心証が損なわれる懸念がつきまとう。社内では「もっと慎重に」といった声があがり、コストと時間ばかりかかって研究開発が進まないことになりがちだ。

それに対してベンチャー企業は、臨床で使われている製品があるわけではなく、悪化するような企業イメージがそもそもない。独自のアイデアや技術をもとに、とにかく新しい医療機器を実現することだけが目的であり、スピード感を持って開発に取り組みやすいのだ。べ

図表1　大手医療機器メーカーの製品戦略

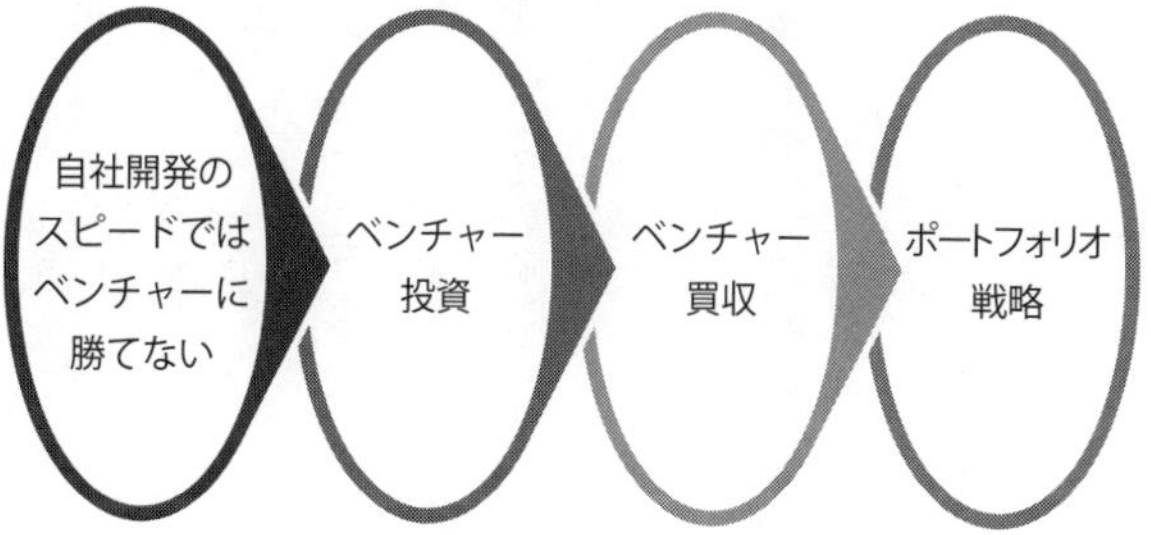

ンチャー企業が革新的な医療機器を開発できる理由はこれ以外にも多数あり、本書の中でも述べていくが、結果として、ベンチャー企業の圧倒的なスピードや技術に大手企業は勝てないことが、この20年ほどではっきりしてきた。

実際、特に治療機器を扱う外資系大手企業の新製品は、そのほとんどが元をたどればベンチャー企業が開発したものだ。

大手企業としては自社でゼロから開発するより、初期開発はベンチャー企業に開発を委ね、ある程度、実用化のめどがたった段階でベンチャー企業を買収する。そして、大規模臨床試験やマーケティングなど大手企業のノウハウが活かされ、多くの資金が必要になる段階の業務は自社で行うというビジネスモデルが確立しているのである。

最近ではさらに、初期開発に取り掛かる前から、有望なベンチャー企業に幅広く少額の投資を行うケースも増えてきている。ベンチャー企業と友好関係をつくることで、開発の進行状況についての情報をいち早く入手し、自社の製品ポートフォリオ戦略の中で買収等の判断をより的確に行うためだ。

ベンチャー企業にとっても、新たな投資資金の出し手が得られるだけでなく、大手企業が興味を示していることを他の投資家らに証明できることになり、今後の資金集めにも有効に作用する。

医療機器の輸入超過の原因はベンチャー企業にもある

近年、医療機器は輸入超過であると言われている。平成24年度では、7000億円弱の輸入超過だ。自動車、家電等多くの分野で輸出が中心となる日本の産業の中ではかなり特異な分野であり、政府もこの状況を改善したいと医療分野への支援を強化している。輸入超過の原因となっている製品の半分を治療機器が占めるのだ。この数字にはコンタクトレンズも含まれており、これを除いた医療機器では、かなりの部分が治療機器ということになる。治療機器分野では、欧米の大手企業が強く、日本には大手企業も少ない。医療機器で世界の売上トップ30に入っているのも、テルモ、オリンパス、東芝の三社のみで、トップのテルモさえ、ベスト10には入っていない。

しかし、そもそも、治療機器を販売する大手企業の製品を誰が作ったかというと、前述の通り、そのほとんどはベンチャー企業が開発したものだ。買収するベンチャー企業が海外には数多くあり、日本にはほとんど存在していないということが、元をたどれば、輸入超過の原因の一つともなっているのではないだろうか。

もっと多くの医療機器ベンチャーが日本に誕生し、成功すれば、その中から、テルモやオリンパスのような大企業が生まれる可能性が出てくる。どんな分野でも、Made in Japanというだけで、絶大な信頼性を得られるほどジャパンブランドは浸透しているのに、最も緻密さと正確さが必要とされる医療機器が輸入超過になっている現状は、なんとか変えていかなければならない。

図表2　医療機器の輸出入金額の推移

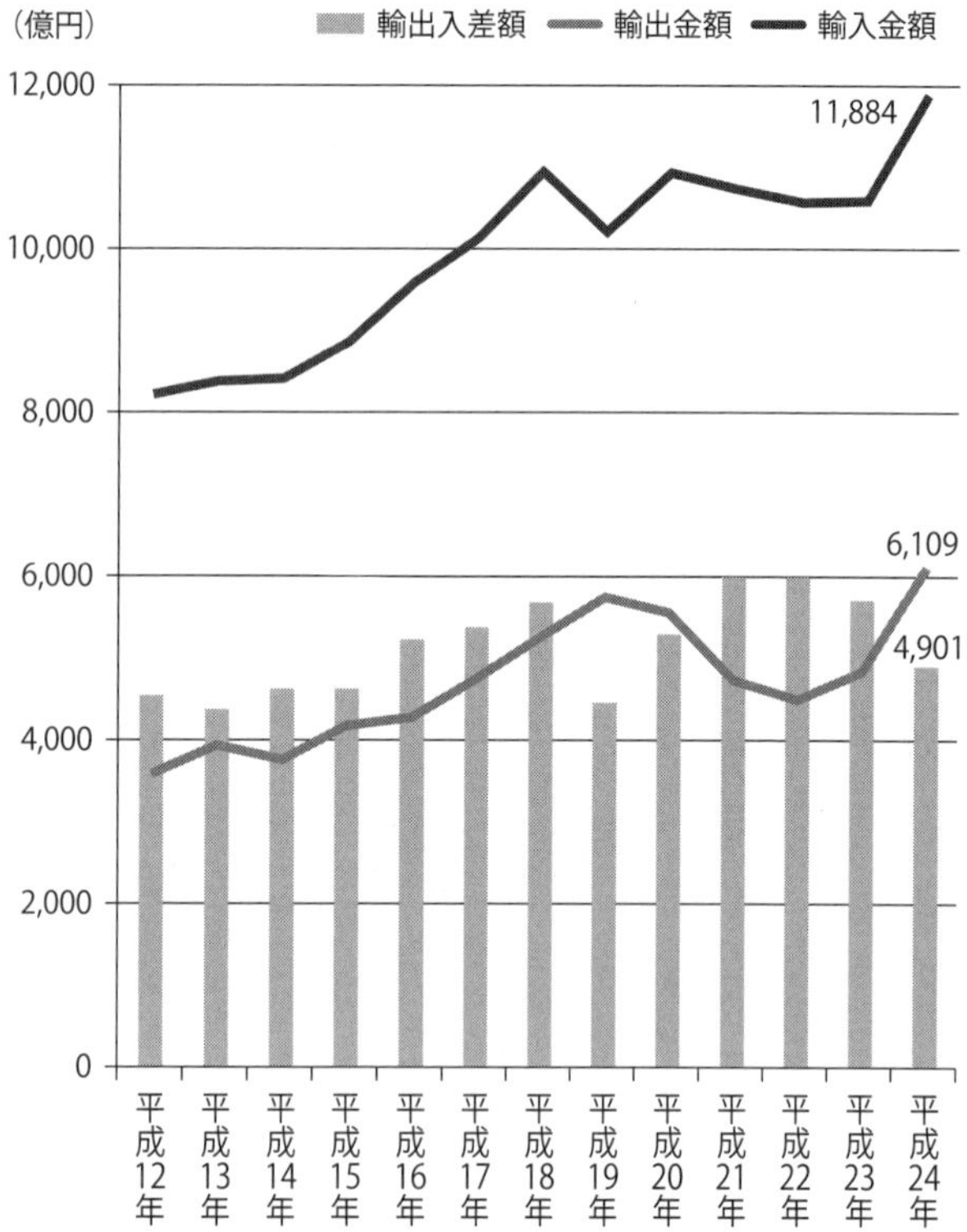

出典：厚生労働省　薬事工業生産動態統計年報

医療機器ベンチャーのエコシステム

　ここで、優れた医療機器を生み出す、医療機器開発のエコシステムについて紹介しておこう。エコシステムとは、いわゆる生態系のことであるが、アイデアを源泉とし、開発から製品化、上市、そして、ＩＰＯやＭ＆Ａというエグジット（Ｅｘｉｔ・出口）まで、さらには、エグジット達成後に人材がまた起業していくという医療機器開発の大きな流れのことである。これが機能している場所は、世界でも、今のところ、シリコンバレーやミネソタ、イスラエル等、限られた地域であるが、これを日本でも確立できるかどうかが革新的な医療機器開発の未来を左右するとも言える。

(1) アイデアステージ

　まず、ベンチャー企業の立ち上げには、元となるアイデアや技術がある。医療機器ベンチャーもそれは同じだ。

　アイデアは、主に、医療機関、大学、研究機関等から生まれることが多い。特に、医療機器の場合、実際に医療機器を使用するユーザーは医師であることから、医師が現場のニーズを感じて、アイデアに至るケースが多いし、現場発のアイデアでないと、なかなか成功には結びつかない。よく、失敗しやすい例として、〝Technology looking for application〟、つまり、技術から適応を探していくパターンはダメだと言われる。これは医療機器に限ったことではないが、ニーズが的確に把握できていなければ、いくら技術があっても意味がない。このあたりは、後述するバイオデザインでも、最も重視している点であるが、詳細は第5章で触れたいと思う。

また、特に、アイデアの段階で重要なのが、一般ユーザーの目線に立つことと、ビジネスとして成り立つだけの市場規模があるかという視点を持つことだと思う。一流の医師にしか使えない医療機器を開発しても、ビジネスとしての成功は難しい。誰もが使える医療機器を開発するから、ビジネスとして成功するのだ。また、いくら良いアイデアであっても、十分な市場がなければビジネスとしての成功は難しい。希少疾患のためのアイデアも、もちろん社会的意義は大きいが、ビジネスとしては成立しない。

余談ではあるが、だから、多くのベンチャー企業の起業家は、成功して多額の資産を得た後に、そういった、社会的意義は大きいがビジネスとしては成立しにくい疾患のための研究等に寄付をしたり、財団を作ったりする。カテーテルの基礎を作ったDr. Amplatzが、大成功した後に、小児用のＡＳＤ（心房中隔欠損）閉鎖カテーテルを開発したのは有名な話だが、市場規模が小さく、ビジネスとしては成功が難しいと思われる領域の製品開発は、自らお金持ちになってから、自己資金でやればよいのだ。

ただ、結果的にこの製品はあまりにも優れた製品だったので、市場を塗り替えて、ビジネスでも大成功したが、もともとは、先天性の心疾患で、特に女児に多いＡＳＤの治療を手術痕が残らないカテーテル術で治療しようとしたのがきっかけだ。

また、シリコンバレーでは、スタンフォード大学をはじめカリフォルニア大学バークレー校、カリフォルニア大学サンフランシスコ校など世界的に有名な学究機関があり、これらがアイデアや技術の源泉になっている。世界中から優秀な学生が集まり、起業を目指す者も多い。

なお、医療機器の分野では、ＩＴにおけるビル・ゲイツやスティーブ・ジョブズのように、学生から職務経験なく起業家になるという例は、アメリカでも少ない。むしろ、大学や病院等で働いて、現場のニーズを把握してから、または、大手企業で新規事業やマーケティング、開発等の経験を積んだ後、アイデアや技術を見つけて起業する例が多い。

(2) 事業化デザインステージ

事業化デザインでは、アイデアをどのような事業にしていくかを検討する。

まず、対象となる市場を選定し、それに必要となる薬事、臨床試験、特許、製品開発等に必要な時間、資金等を考える。順序としては、最後のゴールとなるM&AやIPOをイメージしてから、逆算し、それに必要なものを考えるということだ。ゴールが曖昧なまま、製品開発をスタートしても、結局、ゴールが定まらないまま終わるようなケースも多い。

日本での失敗例として、とりあえず、ある医師の言う通りに作ってみたものの、いざ販売となると全く売れないというような話をよく聞く。これは、的確なゴールを描けていない典型的なパターンで、誰が必要としているか、どのくらいの市場規模が存在するか等、製品開発の前段階である事業化デザインステージでしっかりとしたイメージが描けていない場合に起こりやすい。我々のこれまでの経験では、たいていの失敗例は、この段階で見極められる。

もちろん、ゴールを描いても、開発が予定通りいかないリスクは存在するが、それはベンチャーキャピタルとして許容されるリスクである。そのリスクを避けていては、投資できる案件など存在しない。製品が予定通り完成したのに全く売れないというパターンの投資は、ベンチャーキャピタルとしては、最もやってはいけない投資だと考えている。

また、例えば、有望な技術があり、使えそうな疾患が複数あるような場合、どの疾患にフォーカスしていくか等もこの段階で検討する。ベンチャー企業は常に限られた資金や人材で、フルスピードで開発する必要があり、同時に複数の事業を行うのは得策ではない。実際、米国での医療機器ベンチャーのほとんどが単品の開発にフォーカスしており、この点は、バイオベンチャーとは大きく異なる。対象となる疾患のニーズや市場規模を誤ってしまうと、開発は成功したのに製品が売れないという最悪のパターンに陥ってしまう。事業化デザインステージで、事業の方向性を見極め、適切なプランを描くことは、成功するベンチャー企業にとっては不可欠なプロセスなのだ。

また、この段階で最終的な事業の価値、つまりはエグジット時の金額がどの程度のものかも検討する。ＩＰＯは、上場時の市場環境や経済状況によっても大きくぶれるので、基本、

M&Aで売却を行った場合にどのくらいの金額になるかを考える。例えば、革新的な技術で、市場規模も大きく、将来的な売却価格が500億円を超えるような規模が見込めるなら、数十億円の開発資金を使っても十分なリターンが期待できるが、いくら頑張っても数十億円の売却しか見込めない事業に、数十億円をつぎ込むことはできず、使える開発資金は当然に少なくなる。このあたりのザックリとした感覚は、事業化デザインステージでも掴んでおく必要がある。多額の開発資金を使い、製品開発も終了したのに、予定通り販売できないという事例の多くは、適切な検討を行っていれば、この段階で開発を止めることが可能だと思う。

(3) 製品開発ステージ

事業化の方向性が定まれば、そこから本格的な開発ステージへと移行する。この開発ステージには、製品の開発だけでなく、非臨床試験等、人体での使用に必要な試験等も含まれる。

開発の最初のステップはプロトタイプ(試作品)の作製だ。対象領域が確定し、それに必要となる仕様が決まる。関連する特許を慎重に調査し、特許戦略を考慮の上、設計を完了させる。特許戦略の策定に当たっては、弁理士等を交えての検討を行う。そして、プロトタイプを作製し、何度も、試行錯誤を繰り返し、最終仕様を固めてデザインフリーズまで行けば、非臨床試験を行う。

非臨床試験には、製品の種類によって、規定に応じた試験が実施される。具体的には、耐久性等の機械的安全性試験や、生物学的安全性試験等を行う。また、既存製品や類似製品がなければ、非臨床試験のデザインから検討する。当然ながら、人体での使用に耐えうることを理論的に説明できる試験デザインが必要となる。この段階では、薬事関連の専門家を交えた検討を行う。このような薬事や特許の専門家を紹介するのもベンチャーキャピタルの役割の一つである。

また、製品によっては、大型動物等での動物実験が必要になる。耐久性の試験等では、製品を破壊したり、多くのサンプルが必要となったり、初期の設計段階からの変更記録等、多くの要求事項に対応する必要がある。人の体内で使用され、その安全性次第で患者の命にまで影響を与えるのだから、多くのモノが要求されるのは当然であるが、このあたりの負担の度合いも適切に把握しておかないと、予想外の時間や支出を強いられることになってしまう。

そして、これら全てをクリアして、初めて、人での使用が認められ、最初の関門である、FIM（First In Man）を迎えることが可能となる。

事業計画の段階においては、製品開発には失敗はある程度つきものであるということを理解して、期間・資金ともに多少の余裕をもった計画にすることが望ましい。また、技術者等の人材の確保についても、既に候補者はいるのか、ゼロから探すのか、その確度も考慮する必要がある。

（4）臨床試験ステージ

非臨床試験を完了すれば、人体での使用が可能となる。医療機器にも、様々な製品があるが、非臨床で要求されている項目を全てクリアしても、人体で使用すると思ったような機能を発揮できない場合もある。特に、リスクの高い治療機器等では、まず安全に人で使用することが、大きなマイルストーンになる。通常、FIMは、数例程度の使用に留めることが多いが、これをクリアすれば、企業価値も上がるし、資金調達の面でも有利になる。医療機器ベンチャー企業にとっては、一段階、高いレベルに到達したことになる。

ＦＩＭは、シリコンバレーのベンチャー企業の場合、米国で行うことは稀で、中南米等の医療後進国で行われることが多い。倫理的な問題はないとは言えないが、実際、多くの国では、経済的な理由から、まったく治療を受けられずに亡くなる患者も多い。ＦＩＭや臨床試験の対象患者になると、患者の自己負担はなく、無料で治療を受けられる。もちろん、まだ十分な有効性や安全性が証明されているわけではないので、リスクは伴うが、全く治療を受けられないことに比べれば、助かる可能性は高くなる。

ＦＩＭが終了すれば、通常は、承認の取りやすいＣＥマークを取得し、欧州での承認を取得する。そして、その後、最大の市場である米国ＦＤＡの承認を狙い、最後に日本での承認を目指すというのがこれまでのパターンであった。しかし、日本と米国での承認取得の時期については、近年、ほとんど差が無くなってきており、今後は、日米、同時治験や、日本の方が米国よりも早く承認が取れるというケースも増えてくるかもしれない。

臨床試験の開始にあたっては、日本では製造販売業の認可を取得するか、製造販売業者との協業が必要となる。これはベンチャー企業にとっては、大きな負担となることがあるので、自社で製造販売業を取得するか否かは、資金計画も含めて、慎重な検討が必要になる。こういった提携先の大手企業や、人材の紹介もベンチャーキャピタルが行うこともあり、業界内でのネットワークや人脈が求められる。

(5) 販売ステージ

薬事承認を取得すれば、いよいよ販売ステージとなる。販売のためには、保険償還が必要となる製品も多く、それぞれの製品、国等によって、保険戦略も変わってくる。既に類似品が存在するなら、同じ分類での保険償還は比較的容易だが、新規に保険を取得するとなると、臨床試験のデザインの段階から、様々な検討が必要となる。

また、ポテンシャルの高い革新的な医療機器を開発するベンチャー企業であれば、販売ステージに入る前に買収されることも多いが、もっとも市場が大きい米国でのＦＤＡ承認取得後か、承認取得がほぼ間違いないような段階が、買収する側にとってもリスクが少なくなるので、買収事例が増えてくる。

ベンチャー企業が販売を自社で行っていく場合は、開発ステージとは全く異なる機能がベンチャー企業にも求められる。従い、この時期に、社長初め経営陣を入れ替え、販売専門の会社に変貌するベンチャー企業も多く、この段階専門の社長やマーケティングチームも存在する。販売ステージになっても、創業者の技術者や医師がそのまま社長を続けるケースは比較的、少ない。

販売に当たっても、最初に承認が取れる欧州で売り始めるか、欧州では販売せずに、米国での承認取得に全力投球するかは、検討が必要となる。欧州では承認取得は比較的容易であるが、国ごとに保険制度や販売網も異なり、各国で販売していくのは、それなりの資金も労力も必要になる。売上が上がることはベンチャー企業にとって、もちろんプラスではあるのだが、少ない売上のために、必要以上のコストをかけることは賢明ではない。革新的な医療機器であれば、もっとも市場の大きい米国、ＦＤＡの承認がなによりも重要なので、欧州での販売を行わず、ＦＤＡ承認のみにフォーカスし、欧州等での販売は、将来、買収する大手企業に任せようと考えるベンチャー企業も多い。

日本にも、医療機器エコシステムを

医療機器のエコシステムを考える上で、エグジットまでのプロセスはよく議論されるが、本当に重要なのは、それ以降、つまり、ベンチャー成功後の流れである。ベンチャー企業は成功すると、それがＩＰＯであれＭ＆Ａであれ、大企業になる。ＩＰＯなら自ら独立して拡大していき、Ｍ＆Ａならその瞬間から大企業の一部となる。

しかしながら、ベンチャー企業で働いている人材の多くは、大企業で働くことを望んでいない。多くのベンチャー企業の社員は、ベンチャー企業の自由な雰囲気、スピード感、ダイナミズム、そういったベンチャー企業独自の環境が最も居心地が良いし、大企業の官僚的な組織に馴染む者は多くない。もちろん、成功した際に得られる多額の利益も魅力の一つではあるが、経済的利益が全てではない。

そして、ベンチャー企業が買収され、ストックオプションによるリターンも手にすると、多くの社員は大企業の一部になったそのベンチャー企業を離れていく。そして、その後、人材がどのように流れていくかのフローを示したのが左ページの図表３である。

図表3　アメリカにおける医療機器のエコシステム

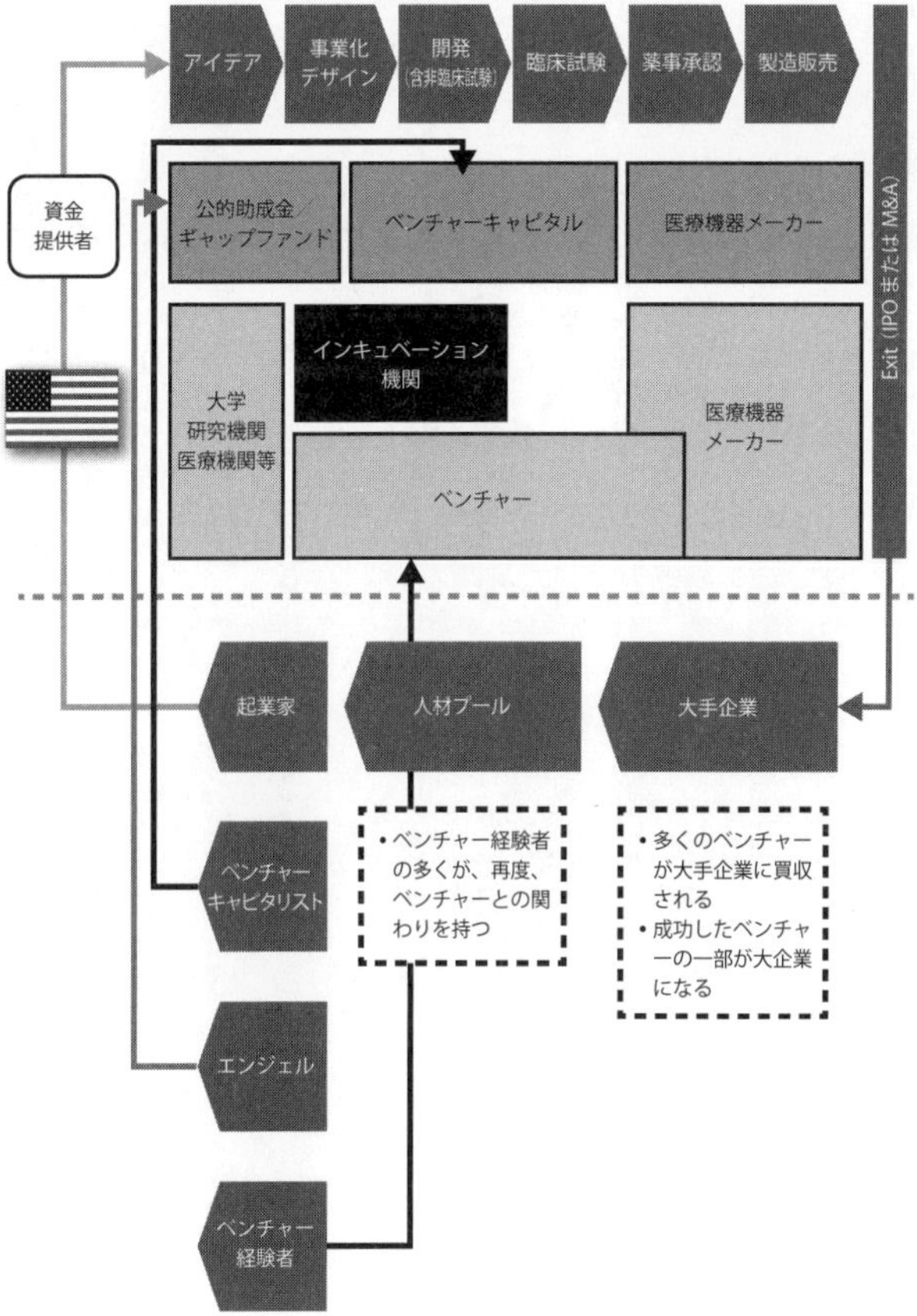

アイデア
事業化デザイン
開発（含非臨床試験）
臨床試験
薬事承認
製造販売
Exit（IPOまたはM&A）
資金提供者
公的助成金／ギャップファンド
ベンチャーキャピタル
医療機器メーカー
大学
研究機関
医療機関等
インキュベーション機関
医療機器メーカー
ベンチャー
起業家
人材プール
大手企業
ベンチャーキャピタリスト
・ベンチャー経験者の多くが、再度、ベンチャーとの関わりを持つ
・多くのベンチャーが大手企業に買収される
・成功したベンチャーの一部が大企業になる
エンジェル
ベンチャー経験者

まず、ベンチャー企業で働いている社員なら、常になにか新しい製品を開発したいと考えているので、「次はこんな製品を作ってみよう」と多くの社員がいつも考えている。従ってベンチャー企業が成功すれば、個人的な資産もでき、新たなベンチャー企業を起業するには絶好のタイミングとなる。成功を経験している者が起業すれば、当然、成功確率は高くなるため、ベンチャーキャピタルも投資しやすく、資金調達も容易になる。そして、多くのベンチャー経験者が起業する。

創業者として成功した者の中には、自らが起業するよりも、成功により得た資金を使って、エンジェル（個人投資家）になる者も多い。特にリタイアが近いような年齢になってくると、またゼロからフルタイムでベンチャー企業を起業するのは体力的にも大変なので、若い世代の起業家に、自ら資金を提供しつつ、これまでの経験も伝授する。多くの成功者は、自らを成功へと導いてくれた医療機器業界に感謝しているし、それに対する恩返しの気持ちをもつ者も多い。手にした資産を再度、医療機器業界に還元するのだ。

ただ、エンジェルは扱う資金規模もそれほど多くないので、ベンチャーキャピタリストとして投資側に回る者も多い。成功経験者なら、その経験が投資先のベンチャー企業の経営でもダイレクトに活かせるし、発言に説得力もある。

また、ベンチャー成功後の人材で最も数が多いのが、ベンチャー企業の社員であるが、彼らの多くはまた別のベンチャー企業で働く。人材には、開発者、技術者、安全管理や薬事担当者等、様々なスキルや経験を持つ者がいる。成功経験を持つ、このような人材がまたベンチャー企業に加わることにより、そのベンチャー企業の開発が加速される。そして、ベンチャー企業が成功すると、一つのベンチャー企業につき数十人単位で成功経験者も生まれることになる。

シリコンバレーでは年間に数十社のベンチャー企業が毎年、成功しており、それを過去30年以上も繰り返しているシリコンバレーでは、膨大な数の成功経験者が存在することになる。

こういった人材の厚みこそがシリコンバレーの強さの源泉であり、他の場所で、シリコンバレーを作ろうとしても簡単に真似できない理由なのだ。実験施設やインキュベーションセンター等インフラは資金をかければ作れるが、人は簡単には作れない。エコシステムとは、結局は「人の循環」なのである。

繰り返しになるが、一度、どっぷりとベンチャー企業の世界に浸かった人材の多くは、またベンチャー企業に戻ってくる。例えば、ストックオプションによって数十億円を超えるような多額の資産を得た者であっても、たいていはまたベンチャー企業と関わりを持つ。成功後しばらくは、レイクタホ（シリコンバレーから数時間で行けるリゾート地）あたりに家を買ってゆっくりする者も多いが、半年もすればその生活に飽きて、またベンチャー企業の世界に戻ってくる。

革新的な医療機器を開発し、多くの患者を救い、富も名声も得られる。優秀な仲間と一緒に、誰もが開発できなかった医療機器を開発する。ベンチャー企業の仕事は、一種の中毒性があるというか、一旦、その達成感を味わうと、簡単には忘れられないのだ。それは、大成功した者だけでなく、一社員として働いている者にとっても同じだ。

最初の成功が小さい成功であれば、次は大成功を狙う。そして、多くのチャレンジャーが生まれ、医療機器のエコシステムを支えている。

医療機器のエコシステムが生まれる条件

それでは、どのようにすれば、こうした医療機器のエコシステムができるのであろうか。アメリカにおける医療機器産業のメッカは現在、西海岸のシリコンバレー（カリフォルニア州）、中西部のミネアポリス（ミネソタ州）などである。いずれも数百社に及ぶ関連企業が集積し、数々の新製品が生まれている。

なぜ、アメリカのこれらの都市やエリアに医療機器のエコシステムができたのか。その歴史を振り返ると、一定の共通した条件があることが分かる。

今では、医療機器の世界的な開発拠点となっているこれらの地域も、最初から多くの医療機器メーカーがあったわけではない。いくつかのベンチャー企業が生まれ、その中から成功を収めて大企業へと成長した企業が出てきたのだ。ミネアポリスであればメドトロニックが有名だが、同社は60年ほど前、2人の若者がガレージで始めた医療機器の修理会社がはじまりであり、そこから心臓ペースメーカーの製造・販売で世界的な企業へと飛躍した。

メドトロニックは地元の多くの中小企業と取引し、また自社から多くの人材が育って独立していった。こうして大手企業を中心に、多くの中小企業やベンチャー企業が役割分担しながら共存共栄し、資金や人材が循環するエコシステムができていったのだ。

エコシステムには、大学の存在も大きく関わっている。ミネアポリスでは、ミネソタ大学から心臓ペースメーカーが生まれ、メドトロニックが誕生した。メイヨクリニックという世界的な病院もある。シリコンバレーであればスタンフォード大学やカリフォルニア大学バークレー校などから優秀な人材が輩出され、しかもそうした人材は大学において専門的な学問だけでなく、ビジネス関連の教育を受けており、アントレプレナーシップがもともと強い。また、これらの大学自体、卒業生の起業をバックアップすべく資金を提供したり、特許の取得についてのサポートなどを行っている。

もうひとつ、アメリカでエコシステムができあがった背景として指摘しておきたいのは、オープンイノベーションの普及だ。

1970年代から80年代、日本の製造業が世界最強といわれる力をつけ、アメリカの大企業が大きな打撃を受けた。

それまでアメリカの大企業も終身雇用、年功序列、垂直統合など日本企業に近い経営形態をとっていたが、それを見直して自社は研究開発やデザインなどに特化し、製造などは外部に委託する、いわゆるオープンイノベーションへ大きく舵を切った。その流れの中で、中小企業と連携し、あるいは有望なベンチャー企業に資金を出したり買収したりすることが一般化していったのだ。

こうした点を日本も学ぶことで、医療機器の「エコシステム」を生み出すことは決して不可能ではないと思う。

「エコシステム」における大企業とベンチャー企業の関係

医療機器のエコシステムにおいては、大企業の存在も重要だ。ベンチャー企業を買収する大手企業が存在してはじめて、エコシステムは成立する。大手企業の旺盛な買収意欲が、新たなベンチャー企業を生み、ベンチャーキャピタルによる投資をもたらす。大手企業にとっても、革新的な医療機器を開発するベンチャー企業はなくてはならない存在であり、ベンチャー企業がなければ、革新的な新製品はなかなか生まれてこない。大企業とベンチャー企業は常に、持ちつ持たれつの関係であり、互いに共存している。

そこで、大企業とベンチャー企業の関係を示す一例をご紹介したい。

現在、心臓血管分野で、大動脈弁に対するTrans Aortic Valve Implantation（ＴＡＶＩ）と呼ばれる画期的な治療技術がある。サピエンという人工の大動脈弁を、カテーテルによって患者の大動脈弁と置換するものである。日本での販売は２０１３年からであるが、ヨーロッパでは２００７年から販売されており、ここ10年ほどの間で最も成功した医療機器の一つである。

この製品は、もともとは１９９９年に創業したPercutaneous Valve Technologies（ＰＶＴ）というカリフォルニアにあるベンチャー企業が開発していた。

当時、心臓の冠動脈治療では、ジョンソン・エンド・ジョンソンがサイファーという薬剤溶出ステント（ＤＥＳ）の販売を開始し、冠動脈治療は大きな変革期を迎えていた。冠動脈の標準的な治療はすでに、バイパス術という外科手術からバルーンカテーテルやステントを用いた内科的治療へ変わっていたが、ＤＥＳはその治療効果をさらに高める最先端の医療機器であった。

しかし、心臓弁の置換術はまだ、手術での外科的治療に頼らざるを得なかった。開胸せずカテーテルで弁を置き換えるというアイデアはあったが、リスクが高く、多くの医師や技術者が懐疑的であった。

人工弁の場合、弁そのものの耐久性や安全性はもちろん、実際に弁をカテーテル内に挿入し、目的の部位に適切に留置するのが難しい。万が一、弁が脱落したり、誤った位置に留置されると、患者の命は危険に晒される。

数ある医療機器の開発の中でも、リスクレベルは最高度に位置し、当然ながら大手企業がゼロから開発できるような製品ではなかった。市場規模には疑いの余地はないものの、技術的に本当に可能なのか、多くの関係者が懐疑的であった。

そんな中、ＰＶＴ社は起業した。第1回目の資金調達（シリーズＡ）ではあるベンチャーキャピタルが出資し、ＦＩＭ（First In Man）終了後の第2回目の資金調達（シリーズＢ）では、１４００万ドルを調達した。その段階で医療機器大手のメドトロニックやボストン・サイエンティフィックが出資している。

そして２００4年1月、エドワーズライフサイエンスがＰＶＴ社を1億２５００万ドル

(約125億円)で買収することになった。臨床で使用されたのはわずか十数例。まだ、失敗のリスクも相当あると思われるベンチャー企業の買収は大きな話題になった。

買収後、学会の会場で治療現場を参加者が生中継で視聴するライブ・デモンストレーションで患者が亡くなるなど、批判的な意見の方がむしろ多かった。

当時、エドワーズライフサイエンスは既に、手術用の生体弁のトップメーカーであり、その分野での大手企業であった。

しかし、カテーテルによる弁治療が普及してくると、手術用の製品は市場を侵食され、売上が落ちるのは間違いない。もし、自分たちが買収しなければ、先に出資しているメドトロニックやボストン・サイエンティフィックが買収し、いずれ市場に出てくる可能性が高い。リスクが小さくない段階で買収に踏み切ったことは、心臓弁のトップメーカーとして、カテーテル治療でも先頭を切っていくという意気込みが感じられる、勇気ある決断だったと思う。

その後、エドワーズライフサイエンスは、多くの課題にぶつかりながらも諦めることなく、製品の改良を続け、大成功を収める。買収当時の同社の時価総額は18億ドル(約1800億円）だったが、ＴＡＶＩの成功により、12年後の現在（２０１５年12月）、時価総額は10倍弱の１７０億ドル（約１兆７０００億円）となった。約１２５億円の買収の決断が、会社を10倍近く成長させたのである。

ベンチャー企業の、革新的な医療機器への挑戦が、大手企業とのタッグにより大成功した一つの例である。

図表4　PVT 社の資金調達とエドワーズライフサイエンスの時価総額

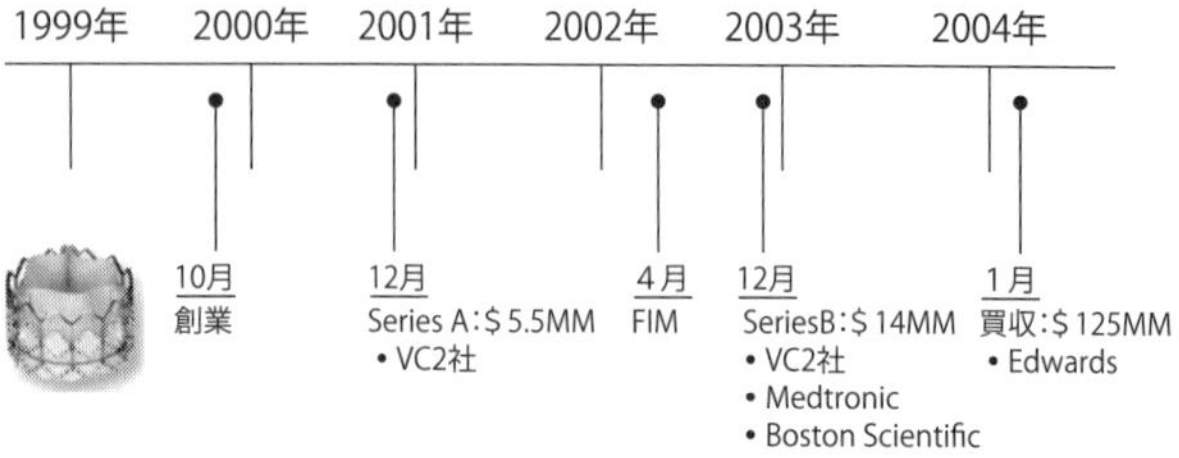

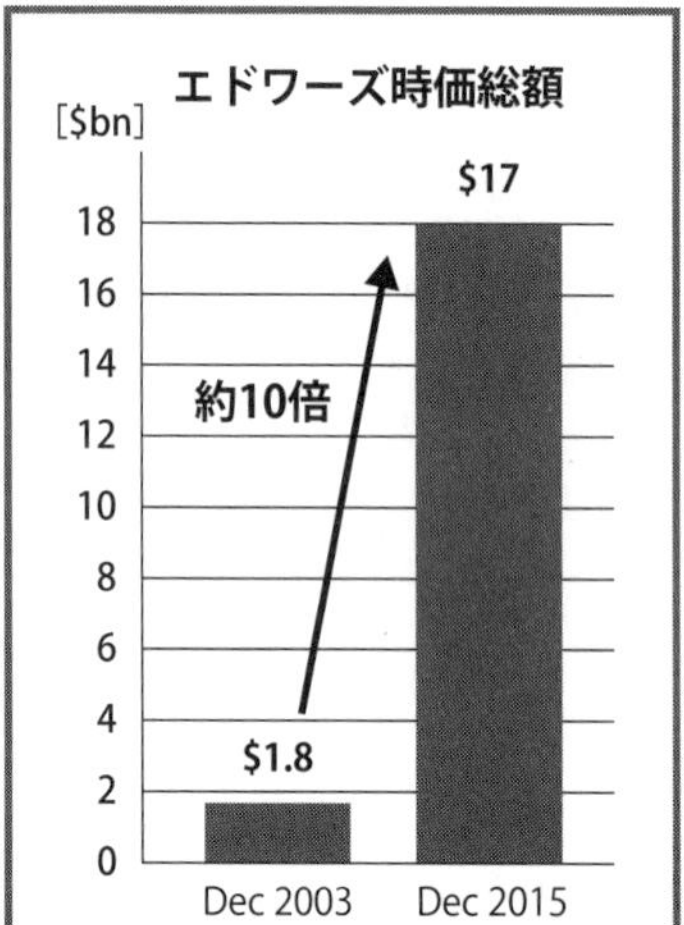

「エコシステム」において期待される医師の役割

医療機器の「エコシステム」でひとつ忘れてはならないポイントは、医師が大きな役割を果たすことだ。歴史的にみても、画期的な医療機器の元となるアイデアは通常、臨床で日々治療にあたる医師から出てきたものが多い。また、一般消費財と異なり、特に治療で使う医療機器の多くの使用者は医師であり、一般人は使用できない。実際のユーザーとしての目線で製品を見られるのは、医療機器では医師しか存在しないのである。

医師が医師という職業を目指した理由の多くは、病気や怪我で困っている患者の役に立ち、そのことを通して社会に貢献したいということだろう。医療機器の開発等、考えたこともない医師も多いし、目の前の患者に対応することで手一杯というのが現実だと思う。

そうした中で、新しい医療機器の開発において、医師の力が求められている。臨床や研究の場で活躍しながら、そこで得られた知見やアイデアを新しい医療機器の開発に提供し、またリードするという役割だ。

医薬品と医療機器の開発プロセスには大きな違いがあり、医師が貢献するスタイルも異なる。一般に、医薬品は非常に多くの候補物質の中から、ターゲットとする疾患に有効に作用すると思われるものをスクリーニングする。その上で、臨床上の有効性と副作用を臨床試験によって確認する。そのため、候補物質を見つけ出すまでのプロセスは研究室などでの物量作戦となり、医師が関与する場面はそれほどない。

これに対し医療機器は、まず臨床でのニーズやアイデアが出発点となる。そうしたニーズやアイデアを可能にする材料や機構を工夫してプロトタイプをつくり、その後、臨床で再度、確認する。新しい医療機器の開発において、医師が果たす役割が決定的に重要なのである。

1人の医師が臨床で治せる患者の人数には時間的、空間的な制約がおのずとともなう。どんなスーパードクターであっても、治療できる患者数には限界がある。しかし、新しい医療機器の開発を通してであれば、時間的、空間的な制約を超えて、何万人、何十万人という患者を治療することも可能になる。

そのような形での新しい役割にぜひ、注目していただきたい。それが日本において医療機器の「エコシステム」を構築することにつながるはずだ。

第2章　医療機器産業におけるベンチャー企業の強みと役割

ベンチャー企業の開発スピードはなぜ速いのか

医療機器において、ベンチャー企業が大手企業に比べ新製品をスピーディーに開発できることは前章でも述べたが、それは単にベンチャー企業が許容できるリスクの大きさが大手企業と異なるからというだけではない。

企業は常に、限られた資金や人員等の条件の下、最大限の開発効果を出す必要がある。仮に多めに資金を集められるとしても、必要以上に多くの資金を集め、多くの株を発行すれば、自分の持分比率が減り、将来のリターンが減る。だから、必要最小限の資金や人員で開発するのだ。

集めた資金が枯渇する前に開発を目標段階に到達させ、また、追加で資金を調達する。開発が遅れて、資金調達に失敗すれば会社は倒産し、全ての努力が無駄になる。だから、何が何でも、決められたタイムラインの中でやり遂げなければならないのだ。

一方で、成功した時の開発者自身へのリターンも、大企業で開発に関わることに比べ、ベンチャー企業ではけた違いに大きい。ベンチャー企業の社員はストックオプションを保有し、勤めるベンチャー企業がエグジットに成功すれば、経営陣でなくとも、サラリーマンや勤務医としてはまず得られないようなレベルの報酬を手にすることができる。だから、経営的には不安定なベンチャー企業に優秀な人材が集まるのだ。

もちろん、報酬だけが理由ではなく、好きな開発を行い、結果として、患者や医師が救われるといったやりがいもあるが、やはり、一獲千金のチャンスがあることは大きなモチベーションとなる。これこそが、ベンチャー企業の醍醐味であり、こういった優秀な人材が集まるからこそ、圧倒的な開発スピードが実現できるのだ。

図表５　医療機器分野における大手企業とベンチャー企業の違い

【投資の時間軸】

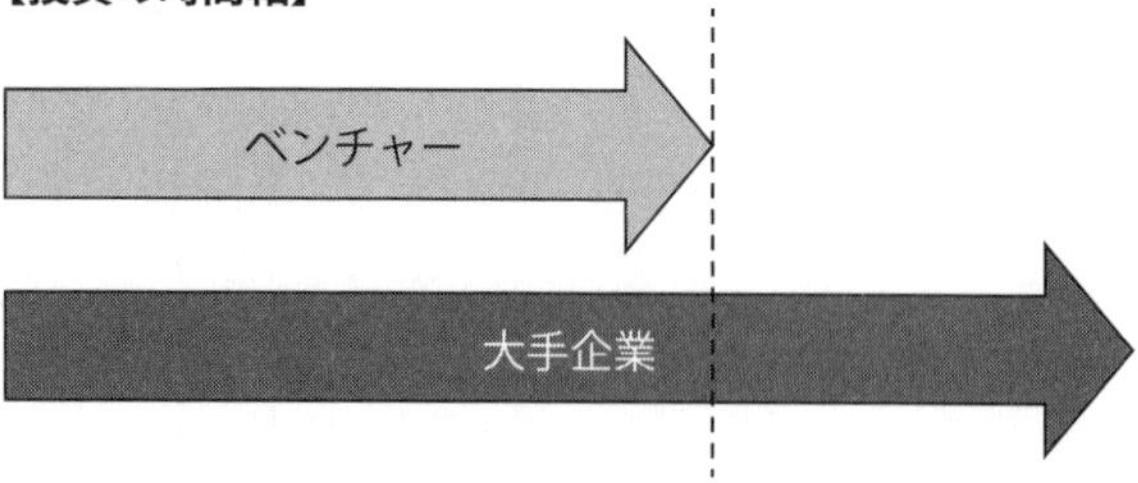

ベンチャー企業は、VC（ベンチャーキャピタル）から資金提供を受けており、VCファンドの運用期間を考慮すると、出資後５年ほどでエグジットを達成するという時間的制約がある

【リスク許容度】

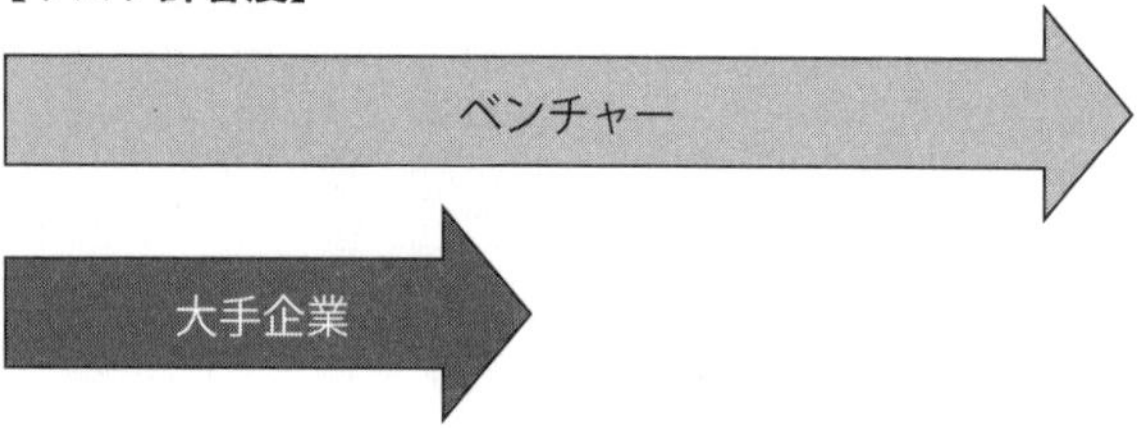

大手企業は、開発リスクの高い製品の開発には限界がある

【開発スピード】

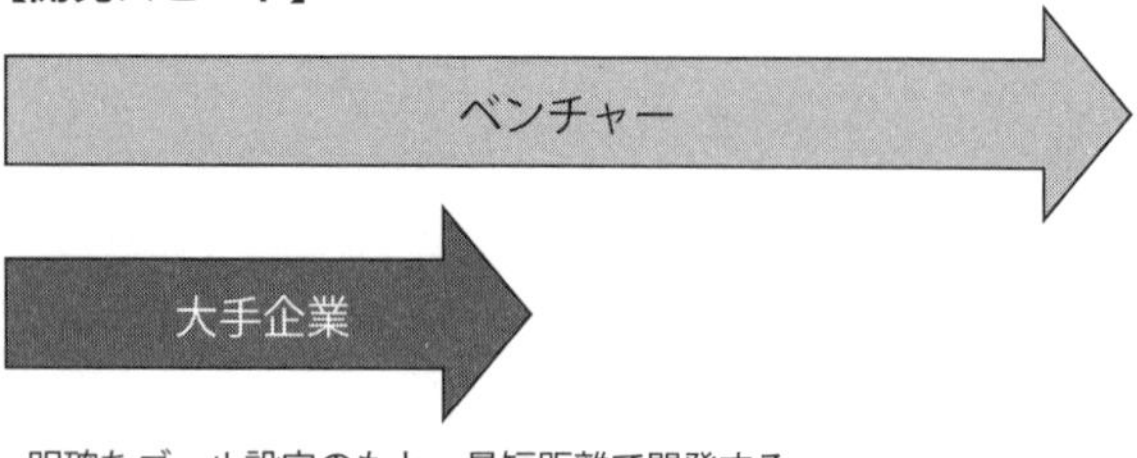

明確なゴール設定のもと、最短距離で開発する

医療機器ベンチャーの資金調達

エコシステムにおけるアイデアステージあたりまでは、必要となる金額も少額で済むため、補助金等を利用することが多いが、事業化デザインから開発ステージあたりではベンチャーキャピタル等の外部投資家から資金調達を行う。資金調達は、段階的に数回に分けて行うが、理由としてはいくつかある。まず、投資家側からみると、開発リスクの高い初期の段階で、多額の資金を出資するのはリスクが高すぎる。開発が順調に進んでから、徐々に資金を出す方がリスクを軽減できるし、ベンチャーキャピタルが段階投資する意味は分かりやすいと思う。

また、創業者らの立場からすると、会社が創立間もない時期、つまり、まだ株価が低い時に多額の資金を集めると、自分たちの保有比率が減ってしまうという問題があるため、創業者にとっても、段階的に資金調達を行うことは理にかなっている。

例えば、１００万ドルの資金調達を行う必要があるとして、株価が1ドルなら１００万株（１００万ドル÷1ドル＝１００万株）を新規発行する必要があるが、開発が進み株価が２

ドルになってから100万ドルを集めるとなると株価が2倍になっているので、発行する株式数は半分の50万株で済む（100万ドル÷2ドル＝50万株）。

つまり、一気に多額の資金を集めるのではなく、必要最小限の資金だけを集め、開発を進展させて、株価を上げてから追加の資金調達を行った方が、創業者らの保有比率は薄まらない。薄まることを希薄化する等という言い方をするが、つまり、例えば、最後にベンチャー企業を大手企業に100億円で売却した場合、10％保有していれば10億円を手にすることになるが、これが5％になってしまうと5億円になってしまう。希薄化すればするほど、自分の取り分は少なくなってしまうのだ。

この株価が1ドルか2ドルか、あるいはそれ以上かというのはどうやって決まるかというと、ベンチャー企業とリードインベスター（資金調達において全ての投資家をとりまとめて投資するベンチャーキャピタル・P.121〜参照）の交渉によって決まる。例えば、ベンチャー企業がこれまでの開発成果を強く主張し、それにリードインベスターが納得すれば、高い株価になるし、逆に、金融危機のときのように経済状況が悪化し、誰もが資金提供に及び腰になっているような時期であれば、ベンチャー企業の方が弱い立場なので、低い株価でも出資を受けざるを得ないような状況もある。または、ベンチャー企業の資金が底をつく寸前とか、開発に失敗し、事業計画そのものの確度が下がってしまうと、株価は下がってしまうこともある。

いずれにしても、株価は、ベンチャー企業の経営者とリードインベスターとの相対取引で決まるので、考え方としては、不動産の価格の決め方に近いと思う。ただし、客観的にみて妥当性のない価格だと、いろいろと問題が起こる。価格が高すぎると、リードインベスターが合意しても、他の投資家が賛同せず、予定通りの金額が集まらない場合もあるし、逆に低すぎると、ベンチャー企業側のシェアが減りすぎて、創業者や従業員のモチベーションが低下してしまう。最終的には、双方から見て、ある程度、合理的な価格を決めることが大切である。

補助金と投資の違い

日本では、特に医療分野の研究者や医師らの間では、ベンチャーキャピタルによる投資と補助金の違いが十分に理解されていないと感じることも多い。一般企業に勤めている人たちでも、イクイティー投資の意味をきちんと理解している人は少ないと思うが、特に、研究者らには、通常では縁のない世界であり、補助金も投資による資金も同じように考えている人も多い。

補助金の場合、最初に補助金の金額が決まっていて、それに基づいて、事業計画を立てる。例えば、３０００万円の補助金だと、３０００万円でどこまで開発ができるかを、その金額ありきで考える。

ベンチャーキャピタルによる投資の場合は、これとはまったく逆で、市場で価値のあるものを開発するためにいくら必要かを考える。必要な金額が大きくなっても、その分、スピードを優先しなければならないし、大きな市場が待っていれば、開発資金の多さは吸収できる。根本的に考え方が違うから、補助金を得ることを目的にしてきた研究者らは考え方を変える必要がある。

また、先ほど説明したように、ベンチャーキャピタルらによる出資を引き受けると、代わりに株式を発行することになる。一方で、補助金の場合は、株を発行する必要はないから、いくら補助金をもらっても、自分たちの保有比率が薄まることはない。

つまり、ベンチャー企業にとっては、補助金はベンチャーキャピタルからの資金よりも有り難い資金であるといえる。しかし、補助金によっては使途が制限されていたり、報告義務が過剰で、それにかかる労力が予想外に大きかったりするため、一概に補助金をもらえれば良いというものでもない。また、金額的にもそこまで多くはないので、スピードが命のベンチャー企業の開発では、補助金だけではどうしても限界がある。

補助金を受けつつ、ベンチャーキャピタルからの資金を利用するという、適度なバランスが重要である。

医療機器ベンチャーの出口戦略

ベンチャー企業は、ゴールとして新規株式公開（ＩＰＯ）または大手企業による買収（Ｍ＆Ａ）を考えなければならないが、医療機器の場合、ゴールの多くはＭ＆Ａだ。

実際、アメリカでもここ数年の実績を見ると、医療機器分野でのＭ＆ＡはＩＰＯの３～４

倍ほどの数になる。特に金融危機直後のような異常事態があると、ＩＰＯはパッタリとなくなるが、Ｍ＆Ａは、数こそ減るものの、ゼロになることはない。大手企業が存続する限り、多くの開発をベンチャー企業に頼っている大手企業の買収意欲も存続する。大手企業によるＭ＆Ａの需要の方がＩＰＯより安定しており、まずはＭ＆Ａをゴールとして見据えることが一般的である。

日本で、Ｍ＆Ａというと、吸収合併や救済合併のようにネガティブに捉えられたり、どちらかというと「失敗」のようなイメージでみられることも多いが、ここでいうＭ＆Ａは、戦略的なバイアウトであり、そういったネガティブなものとは全く異なる。初めから、大手企業が高値で買収することを戦略的に計画するものだ。

そして、Ｍ＆Ａを狙っているベンチャー企業の中から、ＩＰＯに向いていると思われるベンチャー企業は上場し、単独で事業を拡大していく道を探る。つまり、多くのＭ＆Ａを狙っているベンチャー企業の中から、数は少ないものの、単独で大企業となるベンチャー企業が出てくるのだ。

大手企業からのＭ＆Ａをゴールと想定すれば、当然ながら大手企業が買収したいと思う製品を開発しなければならない。大手企業は買収により事業を拡大していくが、どんな領域でも買収するわけではなく、ある程度、ターゲットとなる領域は決まっている。治療のニーズが明確で、市場規模が大きく、成長性も見込まれる、そんな市場を大手企業は常に望んでいるのだ。

また、大手企業が自社で開発できる製品については、当然であるがわざわざベンチャー企業を買収はしない。自社で開発できないような製品だから、買収するのだ。

医療機器のライフサイクル

医療機器にもいろいろな種類の製品があるが、特にベンチャー企業が多い治療機器の分野は、製品のライフサイクルも短いものが多い。革新的な治療機器が開発されれば、永らく、市場をエンジョイできそうな気がするが、新しいものが開発されても、必ずなんらかの問題点や改善点が見つかり、新たな医療機器のニーズが生まれる。人の体というのは、それほど奥が深いということなのだといつも思うが、治療対象となる疾患が、複雑な疾患であればあるほど、第一世代の機器が市場を10年も占有するということは滅多にない。

　例えば、治療機器で代表的な狭心症等に対して行う心臓のカテーテル治療を見ても、バイパス術という開胸も伴う外科的手術が、カテーテル治療という足の動脈に穴をあけて行う内科的な治療になり、患者の負担は大幅に減少した。詰まってしまった冠動脈という心臓を覆う動脈をバルーンカテーテルという風船で拡張するのだが、半年後の再狭窄率（血管が再度、詰まってしまう率）は40％ほどだった。しかし、患者の負担が減ったとはいえ、40％もの血管が半年後に塞がってしまうのはやはり問題だったので、物理的に血管が元に戻るのを防ぐ、ステントという金属チューブが開発された。

　これにより、再狭窄率は20％台へと低下するが、ステントという異物を血管内に留置することにより、内膜増殖が起こり、血管は拡張しているのに、ステントの内側が詰まるという別の理由による再狭窄が起こる。

　すると今度は、この内膜増殖を防ぐためにステントに薬剤を塗るという薬物溶出ステント（ＤＥＳ）が登場する。これにより、再狭窄率は一桁台にまで低下するが、今度は、この薬剤が悪さをし、血栓症の問題が起こる。そして、今は、金属で永久留置だったステントが、時間とともに溶けていくという新製品が開発されている。といった具合に、一つの問題が解決すれば、また別の問題が出てくる。その繰り返しで、医療機器は進歩しているわけだが、その度に、新たなベンチャー企業が新たな医療機器を開発する。特に治療機器の多くは命に直結しているので、問題は緊急的に解決する必要がある。必然的に、ライフサイクルも短くなる傾向にある。そして、巨大な市場であればあるほど、多くの資金が投入され、開発スピードも上がる。

もちろん、最初から完璧に近い性能を発揮する医療機器も存在するが、多くは、カテーテルの例のように、何度も改良を繰り返し、製品の性能は向上していく。

図表6　カテーテル治療の変遷（狭心症等に対して行う）

1. バイパス術
開胸を伴う外科的手術
2. バルーンカテーテル
足や手の動脈に穴をあけて血管内で風船を拡張する内科的治療
3. 金属チューブのステント
ステントという異物（金属）を血管内に永久留置する治療
4. 薬物溶出ステント（DES）
内膜増殖を防ぐための薬剤を塗ったステントを留置する治療
5. 生体吸収性ステント
時間とともに溶けていくステントを留置する治療

これに対し、例えば、外科手術用の手術器具等、ライフサイクルが長いものもある。医師の技量に依存する部分が多いこれらの製品は、逆に言うと、ベンチャー企業が入り込むには、様々な障壁がある。口コミやマーケティング活動によって徐々に医師の間に広がっていくので、市場に浸透するスピードも速いとはいえない。少しくらい改良したところで、医師も長年使っている、使い勝手の良い製品を変更する理由がない。医療機器の開発が、治療成績によりダイレクトに影響する領域が、ベンチャー企業にとって、もっとも戦いやすい土俵であるともいえる。

海外企業に売却することは、国内の医療機器産業発展に良いことなのか？

医療機器ベンチャー企業のエグジットとして大企業への売却が多いことは、先ほども述べたが、国内のベンチャー企業が海外の大手企業に買収されることは、国内の医療機器産業にとって、どのような影響を及ぼすだろうか。「せっかく日本で生まれた技術を海外に売却するとは何事だ？」という意見もよく聞くが、例えば、もし、ジョンソン・エンド・ジョンソンやメドトロニックのような大手企業が日本のベンチャー企業を買収したとなると、そのインパクトは、国内企業に買収された時よりも遥かに大きい。実際に、東大発のロボットベンチャー企業がグーグルに買収され、大きなニュースになったが、あれは売却先がグーグルだったからそれだけ話題になったのであり、国内企業であればそこまでのインパクトはなかっただろう。このニュースにより、「自分もグーグルに買収されるようなベンチャー企業を起業しよう」と思った起業家は少なからず存在したと思うし、それまで遠い存在だった海外の大手企業を身近な存在にしたベンチャー企業の功績はとても大きい。

医療機器でも同様に、海外大手企業が買収したいと思うような本物のベンチャー企業が誕生してほしいし、そういう優良なベンチャー企業の中から、自立して大企業になっていくベンチャー企業も出てくるのだ。

まだベンチャー企業自体の成功事例が少ない国内の医療機器分野で、いきなりジョンソン・エンド・ジョンソンやメドトロニックを作ろうとしても、できるものではない。グーグルが誕生したのも、数多くのベンチャー企業が誕生するシリコンバレーの土壌があったからであり、日本でも、まずはその土壌を作ることが重要だと思う。

今後、多くの起業家を生み出せるかどうかは、成功事例をどれだけ積み上げられるかにかかっており、成功の規模は大きければ大きいほど良い。売却先が国内か海外という議論は、近視眼的な見方であり、もっと長期的な視点に立って、その意味を考える必要があるだろう。

ベンチャー企業は大手企業に勝てるのか？

資金も人員も限られているベンチャー企業が大手企業に勝てるのか、という質問を受けることがある。もちろん、大手企業が得意とする分野で真っ向勝負しても、ベンチャー企業が勝てる要素は少ない。よほど際立った特許を持っているとか、圧倒的なアドバンテージがない限り、多額の資金をかけて開発でき、スピードもマンパワーもある大手企業の方が上だと考えるのが当然だろう。大手企業なら、数百人もの開発者を抱えるような企業も珍しくないが、ベンチャー企業では多くても数十人、アーリーステージなら数名程度のところも多い。

そう考えるとやはり、ベンチャー企業でないとチャレンジできないような領域でないと、なかなか勝つのは難しい。そのストライクゾーンさえしっかりと見極めれば、勝てるチャンスは十分にあるし、実際に、ベンチャー企業が圧倒的に勝っている領域は既に存在する。

しかし、大学等で行われている研究は、大手企業に勝つことを目的として行われているわけではないし、そのような視点はないから、ベンチャー企業として成功するような研究テーマもどうしても少なくなる。視点を少し変えていかないと、なかなかベンチャー企業として成功するような研究テーマは生まれてこないのかもしれない。

研究のゴールは、論文を書くことなのか、本当に事業化して、世界に通用する医療機器を生み出すことなのか。近い考え方のようで、実際には大きな違いがあるように思う。

大手企業のM&Aストライクゾーン

大手企業にはM&Aの対象となるストライクゾーンがあり、ストライクゾーンから外れたボール球には反応してくれない。

では、それはどんな製品なのだろうか。まず、大手企業が自社で開発できない製品があげられる。大手企業は資金力もあり、ベンチャー企業に比べれば、優秀な技術者を集めること

図表7　医療機器分野における大手企業のM&Aストライクゾーン

も簡単だ。それでも開発が難しいもの、それはリスクが極めて高い製品に他ならない。

つまり、臨床での使用で、患者に生命の危険が及ぶようなもの。これこそが、大手企業が開発することが難しい製品となる。

最も分かりやすいのが治療機器だ。例えば冒頭で挙げたパイプラインステントや、先に挙げた、カテーテルでの弁置換術はその最たる例で、開発中に患者が亡くなることも十分にあり得る。

大手企業がこういった製品を開発するとなると、患者の安全確保は当然ながら、それ以外にもいろんなことを考えなければならない。

「自社のブランドイメージはどうなるのか」

「行政への心証を悪くして、他の製品に悪影響は及ばないか」など様々なリスクを慎重に検討せねばならず、スピード感をもって開発に当たることは難しい。特に、企業規模が大きくなればなるほど、社内の承認プロセスも複雑になってくるし、どうしても機動性は失われてしまう。

実際に治療機器分野の大手企業は、自社開発での成果がなかなかあがらず、販売している製品のほとんどはベンチャー企業が開発したものである。これをみれば、リスクの高い治療機器の開発はベンチャー企業に向いていることが一目瞭然であろう。

大手企業の役割は、初期の開発が終わった製品を買収により自社製品として取り込み、その後の臨床使用からマーケティング、販売という段階を担うことであり、ベンチャー企業との役割分担が非常に明確になっている。

図表8　ベンチャーキャピタルの投資対象①

投資対象
治療機器
（例：ステント、カテーテル類等）
臨床試験等で有効性・安全性が証明できれば、販売予測が容易
臨床試験自体が参入障壁となり、競合を阻止できる
開発リスクが高く、スピードが必要なため、大手企業の参入が困難
大手治療機器メーカーの新製品の大半は、ベンチャーの製品
診断機器
（例：MRI、CT等）
臨床試験等で有効性・安全性が証明できないため、Sales & Marketing次第で売上が大きく変動
Sales & Marketingのコストと時間は、治療機器よりも多くなることが多い
アーリーベンチャーの開発者は、販売戦略に関しての知識はない

大手企業が自社で手掛ける製品とは？

治療機器に比べて、リスクが低い診断機器はどうだろう。もちろん、画期的なコア技術があり、全てを塗り替えることができるような製品なら大手企業のM＆Aの対象となるが、診断機器には試験的な使用で患者が亡くなってしまうような高いリスクはない。つまり、大手企業でも開発しやすい領域なのだ。

例えば、ＭＲＩ（磁気共鳴画像装置）やＣＴ（コンピュータ断層撮影装置）のような大型診断機器の新製品を患者に使用しても、患者がその場で亡くなるようなことはまず起こらないことは容易に想像できるはずだ。

画像診断分野の技術革新はめざましいものがあるが、安全性のリスクが低いので大手企業はじっくりと開発に専念できる。過去の技術の蓄積の上に、じっくりと改良を重ね、より良いものを作っていくのだ。一台当たりの単価も高く、突然、全てを置き換えてしまうような製品は滅多に登場しない。また、開発資金もそれなりの規模になるし、ライフサイクルも治療機器に比べて長い。短期間にリターンを出すことが使命であるベンチャー企業が狙うべき領域とはいえない。

また、治療機器と診断機器の比較では、製品開発後の売上予想も治療機器の方が遥かにやり易い。

例えば、現在、治療法が全く存在しない疾患に対する画期的な治療機器の場合、臨床試験には時間もお金もかかるが、いったん臨床試験で有効性、安全性が示せれば、製品は黙っていても売れる。その製品しか治療方法がなく、治療を諦めるしかない患者を治療できるのだから、売れるのは当然だ。マーケティングの手法や販売戦略も重要ではあるが、それらに大きく左右されることなく、ほぼ確実に市場を占有できるのだ。

一方で、診断機器の場合、例えば、画像診断機器でよくあるのが、「画質が3割改善しました」というようなケースだ。画質が3割改善したからといって、すぐに製品が売れるという保証はない。リスクは低いので、承認取得は難しくないが、その画質改善により「どのようなベネフィットがもたらされるのか？」を証明するために、結局、マーケティング目的の臨床試験が必要になる。

そして、ある程度のベネフィットが確認できたとしても、治療機器ほどのインパクトはなく、一気に市場を塗り替えるというよりは、慎重なマーケティングや口コミなどで徐々に広がっていく傾向がある。

また、マーケティングにおいても、日本でうまくいった方法が、医療環境の異なる海外でも同じ方法が通用するとは限らない。国や地域によってそれぞれ異なるマーケティング手法が必要になったり、それなりに手間と時間がかかる。

これが唯一無二の治療機器であれば、承認が取れた瞬間に世界中で一気に売れる。一般的な診断機器とは爆発力が違うのだ。もちろん、診断機器の中にも、例えば、カプセル内視鏡のような、既存の診断方法を一気に塗り替える可能性をもつ製品はベンチャー企業に向いている。市場を完全に変えてしまうような製品、よくゲームチェンジャーと言われるような製品こそがベンチャー企業が開発すべき製品なのだ。

まとめると、治療機器と診断機器では、治療機器の方が、大手企業が関心を持ちやすく、ベンチャー企業は出口戦略を描きやすい。もちろん、診断機器でも既存の方法を根本的に変えてしまうような製品は投資対象となるが、同様の製品は多くはない。

図表9　ベンチャーキャピタルの投資対象②

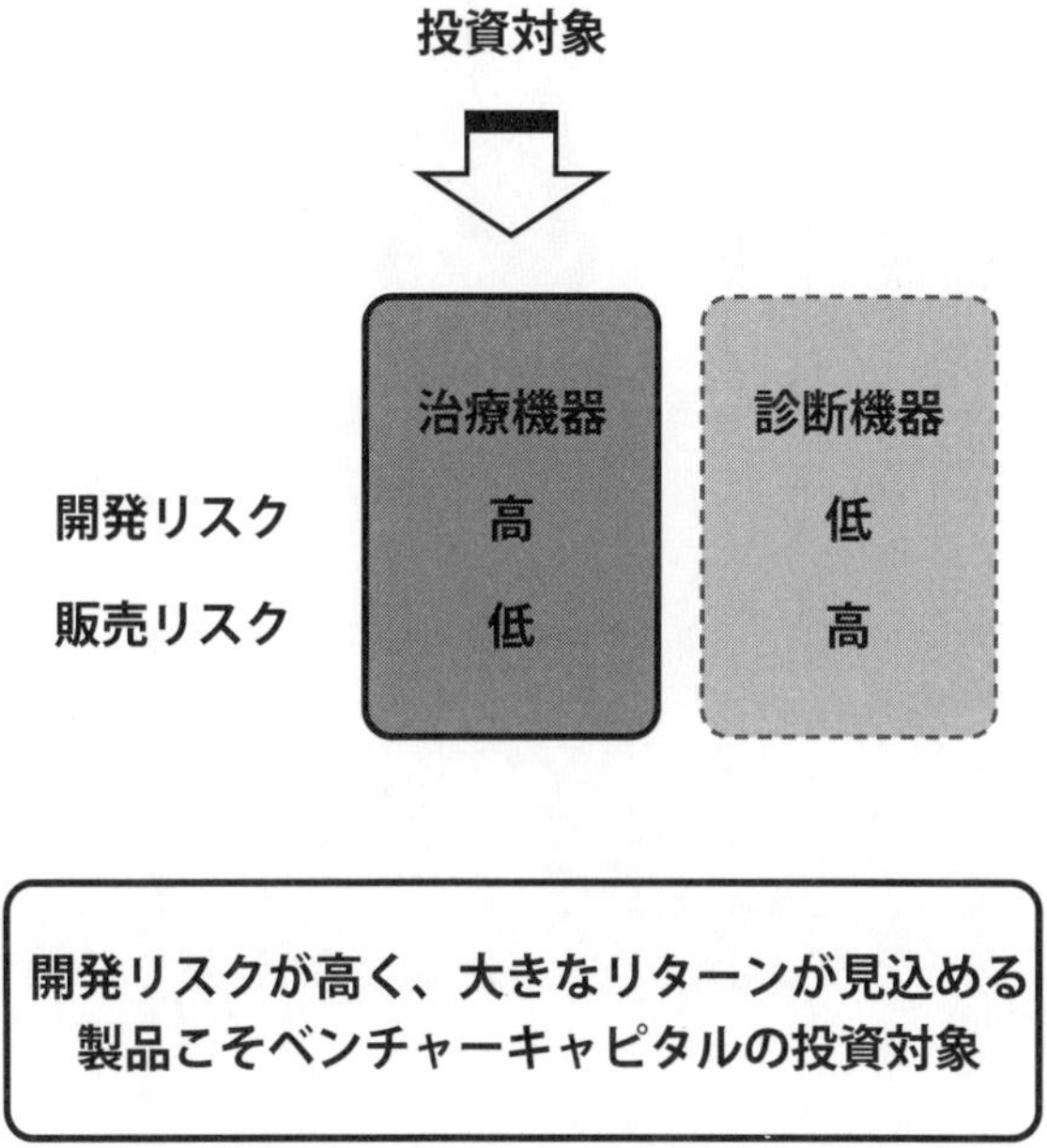

中小企業とベンチャー企業との違い

日本では、ベンチャー企業と中小企業が混同されて議論されることが多いので、その違いについても説明しておこう。

医療機器の開発においては、ベンチャー企業が革新的な機器を開発することが多いが、それを支える中小企業の役割も重要である。ベンチャー企業が全ての部材やパーツを作る技術があるわけではなく、ベンチャー企業の足りない部分を中小企業が補完する。

ベンチャー企業は、ＩＰＯやＭ＆Ａをエグジットとしているので、いずれ大企業に取り込まれるか、あるいは自らＩＰＯして大企業になっていく。ただ、いずれにしてもコアとなる技術をもつ中小企業がベンチャー企業の段階から関わっていれば、ベンチャー企業の形は変わっても、その中小企業との関係はエグジット後も続くことになる。

恐らく、どんな業界もそうであると思うが、中心となる大企業があり、その周りを中小企業がサポートする構造があるのだ。まず、将来大きく成長し、大企業となる可能性を秘めたベンチャー企業を増やしていくことこそが、それを取り巻く中小企業にも多くの活躍の場を提供することになるのだ。

一方で、中小企業はベンチャー企業と違い、ＩＰＯはともかく、会社を丸ごと売ってしまうというＭ＆Ａは基本的に考えていない。もっと長期的に安定した売上や利益をあげ、企業として永続することが目的であり、ベンチャー企業とは明らかにゴールが違う。

開発する製品も、まったくの新規製品ではなく、改良品等の開発リスクの低い製品が一般的だ。臨床試験が必要で、売上計上まで5年以上もかかるような医療機器の新製品を中小企業が扱うことは経営体力からも難しいだろう。

ベンチャー企業と中小企業、それぞれの役割に応じた開発があるのだ。その違いが十分認識されず、混同されることは、ベンチャー企業にとっても中小企業にとっても不幸である。

成功してお金持ちになることは良いこと？

ベンチャー企業で働く目的の一つは間違いなく、経済的なリターンである。ベンチャー企業は保有する現金が限られており、優秀な人材にも多額の給与を支払うことができない。その代わりに、社員はストックオプションを手にする。まだ、シードやアーリーステージの時に手にしたストックオプションは、いずれ億円単位のリターンをもたらす可能性もある。その一方で、短期間で倒産するリスクもあるわけだから、多くのリターンを期待するのは当然のことである。

しかしながら、大学や医師らのアカデミックな世界では、金持ちになることを「良し」としない考え方がいまだに存在する。アメリカでもこういう考え方の研究者も多いが、日本ではほとんどがいまだにこういう考え方だと思う。

筆者（大下）のアメリカでの投資先の創業者や社員らも、成功によりミリオネアーになった者も多いが、実際に彼らが開発した医療機器で多くの患者が助かっている。ベンチャー企業という冒険をし、成功した結果、正当なリターンを得てお金持ちになることの一体、何が悪いのだろう。そして、成功した彼らは、今度は自らの資金で、場合によっては経済的リターンを目的としない投資を行い、好きなことにお金を使う。病院での報酬が少ないからバイトで診察するとか、研究員のポジションを確保するためにやりたくもない研究をやる必要もない。本当にやりたいことのある優秀な人材が、経済的余裕を持つことは、プラスに働くことはあっても、悪いことでは決してない。

そして、そういう成功者がいて、初めて、それを目指す者が出てくる。医療機器の場合は、成功がイコール、「世の中の役に立つこと」にも直結するのだから、成功してお金持ちになることは良いことに決まっている。

起業を繰り返すベンチャー企業の魅力

ベンチャー企業が集める資金の多くは、開発費用とともに人件費に回る。そのため、事業計画に基づき、どのような人材を確保する必要があるかを考える。世の中にはない技術を開発するので、当然、非常に高いスキルをもった人材が各ポジションに必要となる。

例えば、超音波の診断器具であれば、信号を読み取るトランスデューサー、これを動かすアクチュエーター、信号を画像にするソフトウエア解析など、各分野の専門家が必要である。「本当にこんなスキルをもった人間がすぐに採用できるのか？」と思うこともあるが、シリコンバレーには必要な人材が必ず存在する。直接の知り合いがいなかったとしても、長年の経験のある者だと、知り合いの知り合いくらいには必要な人材に巡り合える。もし、適切な人材が見つからなければ、その分、開発が遅れ、手元資金が枯渇してくるため、タイムリーな人材採用は、ベンチャー企業にとって必要不可欠な要素なのだ。

ただ、そういったスペックの高い人材を雇うには通常、多額の報酬が必要となる。ベンチャー企業は限られた資金しかなく、大手企業と同水準の給与を払うことは難しいが、代わりにストックオプションを提供する。ベンチャー企業で働く者の多くは、ストックオプションで財産を築くことが大きな目標だから、当面の給与が大手企業より低くても、ベンチャー企業が優秀な人材を確保することができる。

そして、それら規格外の人材が集まったとき、化学反応が起こり、信じられない製品が完成する。一人では実現できないことも、複数の専門家が集まれば可能となるのだ。そんな製品の開発過程に関わることは開発者としてはこれ以上ないやりがいであり、それが人命を救う医療機器ともなると、その社会的意義も大きい。

すでに大成功を収めた起業家が、何度も起業する理由はここにある。お金のためだけではなく、この達成感を求めて起業を繰り返すのだ。このような優秀な人材の蓄積がシリコンバレーのベンチャー企業を支えている。

ベンチャー企業で働くリスク

ベンチャー企業で働くのはリスクが高いという意見も多い。倒産して、失業した人はどうするのか等、特に、日本で投資をしていると、よくこのような質問を受ける。では、シリコンバレーの医療機器ベンチャーで働いている人たちが、実際に、どのくらい高いリスクの下で働いているのかというと、実はそれほどのリスクを感じているわけではないと思う。

アメリカは、日本よりも雇用が流動的だというのは事実であるが、そもそも、ベンチャー企業で必要とされるような優秀な人材であれば、医療機器業界の大手企業であれベンチャー企業であれ、どこであろうが活躍できるだけの能力や人脈をもっている。仮に、ベンチャー企業が倒産し、一時的に失業しても、まっとうな仕事さえしていれば、必ず次の仕事は見つかる。大手企業にいても、いつレイオフされるか分からない時代だし、大手企業だから安定しているとも言えない。結局は、自分のスキルや能力がどの程度のレベルかで、雇用を維持できるかどうかのリスクは決まってくるものだと思う。

また、仮に、ベンチャー企業が倒産するようなことになっても、普段の仕事を通じて生まれた信頼関係は強固なもので、周囲のメンバーや投資家等が次の就職先を一緒に探してくれる。確立した信頼関係を持った人材であれば、長期間無職になるというリスクはそれほど高くはない。ならば、一獲千金の可能性もあるベンチャー企業で働くことの方が、トータルでのリスクは低いと言ってもいいのではないだろうか。

日本でも既に終身雇用は崩壊しているに近いし、大企業に就職したからといって、一生安泰という時代は終わったと言ってもいいだろう。だとすれば、ベンチャー企業で自分の力を試し、医療機器を開発して、経済的にも大きなリターンを狙うことと、大企業に人生を託して働き続けることはどちらがリスキーだろうか。また、任期付きの研究員として数年間の保証しかない立場で研究を続けるのと、数年間の資金が確保されているベンチャー企業で働くことは、どちらがリスキーだろうか。

ベンチャーキャピタルの資金を利用できれば、言葉は悪いが、人のお金で好きな開発を行い、うまくいけば大金も手にすることができる。さらには世界中の医療に貢献できる可能性もある。そういう魅力があるから、ベンチャー企業が革新を続けることができるし、エコシステムが成り立つのだ。自分の力を信じることができる人は、是非とも、ベンチャー企業の世界に飛び出してほしい。

第3章　ベンチャーキャピタルの役割

ベンチャーキャピタルが支える医療機器ベンチャー

下肢動脈閉塞症という疾患がある。

動脈硬化等によって足の動脈が詰まり、血流が確保できなくなるものだ。原因は、狭心症や心筋梗塞と同じく、高脂血症、喫煙、高血圧などである。

心臓の冠動脈疾患を有する患者の4割に、下肢動脈閉塞症の症状があると言われている。また、下肢動脈閉塞症が進展すると下肢切断に至るケースも多く、米国だけで年間数万件の下肢切断が行われている。

下肢切断を行った患者は2年以内に約4割が死亡。重篤な下肢動脈閉塞症と診断された患者の5年生存率は約3割というデータもある、非常に深刻な疾患である。

2003年、シリコンバレーの医療機器ベンチャーであるFox Hollow Technologies（のちに買収され現在はメドトロニック）が、下肢動脈閉塞症治療用の「アテレクトミー（掘削）・カテーテル」を販売し始めた頃はまだ、そういった重篤性の認識はなかった。

治療の現場では、足が痛いと言って病院に来た高齢者に対して、「もう歳だから神経痛でしょう」といった対応で済ませ、下肢動脈閉塞症ではないかと疑うことすらない医師もいたのである。

そうなっていた理由として、下肢動脈閉塞症を治療するための有効な治療法がなかった、ということもあった。それまでの主流であったバイパス手術は、足の血管を外科的につなぎ合わせるもので、患者の負担が大きく再発の可能性も高い。さらに、再発した際、再治療のオプションがないため下肢切断に至るケースが多く、十分に有効な治療とは言えなかった。血管内からの治療も、閉塞部位が広範囲にわたっているなど、心臓の冠動脈とは異なった特性があり、なかなか有効な結果が得られなかった。

これに対し、Fox Hollow Technologiesの「アテレクトミー・カテーテル」は、下肢動脈の治療に非常に適した医療機器だった。

「アテレクトミー・カテーテル」とは、カテーテルの先端にドリルのようなカッターを付け、これを高速回転させることにより詰まったプラーク（蓄積物）を血管内から物理的に切除する医療機器だ。切除したプラークはカテーテルの中に回収される。治療後に再閉塞する場合もあるが、血管内になにも留置しないので、バイパスやステントのように再治療が難しいという問題もない。

足の血管は直線的であり、カーブの多い心臓の血管よりディリバリーがしやすく、血管を破ってしまう穿孔等の合併症も起こりにくい。「アテレクトミー・カテーテル」にとってもまさに相性ピッタリで、治療に適していた。

もともとは、同社も市場の大きい冠動脈への適応を考えていたが、その頃、ジョンソン・エンド・ジョンソンが薬物溶出ステント（ＤＥＳ）という画期的な製品を開発し、冠動脈の治療成績が画期的に改善した。これにより、同社のアテレクトミー・カテーテルを冠動脈で使用する意味がなくなっていた。

また、下肢動脈閉塞症の市場はそれほど大きくないというのが当時の投資家の一般的な認識。同社に投資をする投資家は既存投資家を含めても、全く存在せず、このままだと倒産するという危機的な状況だったが、この医療機器の可能性に賭け、唯一、投資を約束したのが、筆者（大下）が所属するＩＴＸというベンチャーキャピタルであった。当時、筆者は東京をベースにシリコンバレーに出張ベースで訪問していた。

同社の「アテレクトミー・カテーテル」そのものは、すでに冠動脈疾患用として開発された医療機器であり、技術的には完成されていた。あとは下肢動脈閉塞症という市場をどのように開拓するのかが最大のハードルだった。

同社の経営陣の一人が長年の知り合いで、このような新規性の高い製品導入のプロであったことと、先に述べた技術的特性も、恐らく下肢動脈では活きるのではないかという推測のもと、投資を決断した。その時点では唯一の投資家だったので、必然的にリードインベスターとしての投資となった。

そして、その知り合いの率いるマーケティングチームは、まず医師の認識を変えるための下肢動脈閉塞症の啓蒙活動に力を入れていく。マーケティングの第一人者をそろえた同社のマーケティングチームが戦略的な展開をした結果、「アテレクトミー・カテーテル」は順調な売上を記録する。

これまで足を切断するしかなかった疾患に対して、「切断を回避できる」という事実は、患者や医師に大きな衝撃を与えたのである。

こうして、小さな市場だと思われていた下肢動脈閉塞症が実は巨大市場であることを証明した同社は、２００４年にＩＰＯ（新規株式公開）を達成。その後、ピーク時の時価総額は

1400億円を超え、21世紀に入ってからの医療機器ベンチャーでも当時、トップ5に入るといえる成功を成し遂げた。

今では（現在はメドトロニックが販売）、アメリカのみならず世界中で多くの患者を下肢切断から救っており、下肢動脈閉塞症の市場を拡大した製品の一つとなっている。また、下肢動脈閉塞症も広く知られた市場となり、大手企業の多くも、同疾患に対する製品を多数、揃えている。

医療機器開発の主役は間違いなくベンチャー企業であるが、ベンチャーキャピタルの支えがあって、ベンチャー企業の成功がある。ベンチャーキャピタルは、ベンチャー企業にとって、「縁の下の力持ち」的な存在であるといえる。

そして、筆者（大下）自身にも、この会社の成功により、シリコンバレーで働くチャンスが与えられた。この案件への投資を一緒に実行してくれたＩＴＸの米国法人の社長から、「米国に来ないか」というオファーをもらったのだ。

当時、ＩＴＸはシリコンバレーで名前が売れていたわけではなかったので、なかなか優良な案件は巡ってこない。紹介される案件の多くは、倒産寸前の、他の投資家から断られた案件だった。こういった案件を救ってこそ、ベンチャーキャピタルの存在意義があるし、投資実績と共に、徐々に優良な案件が紹介されるようになるのだ。

アメリカにおけるベンチャーキャピタルの歴史

ベンチャーキャピタルの母国はアメリカである。その起源は１９２０年代にまでさかのぼることができ、当初はロックフェラーなどの財閥や個人投資家が、将来性の高い事業家に創業資金を提供していた。しかし、それはあくまで個別の興味や関心に基づくものであったようだ。

専門組織としてのベンチャーキャピタルは、１９４６年に設立されたＡＲＤ（American Research and Development）が嚆矢とされる。ＡＲＤは、第二次世界大戦において開発された各種技術を事業化するために、当時のボストン連銀総裁ラルフ・Ｅ・フランダースが提唱。それに賛同したハーバード・ビジネススクールのジョージ・ドリオット教授たちによって設立された投資機関だった。

ＡＲＤは、ハイテク技術をベースにした創業間もない企業に、株式との交換という形で投資した。当初は赤字とキャッシュフローの不足に悩みながら、投資先企業の支援を長期間にわたっておこなうという、まさにベンチャーキャピタルの原形をつくりあげたのだ。また、ドリオットは当初から、人材とアイデアを切り離してはいけないと述べ、ベンチャー投資における人の重要性に注目していた。

なお、ＡＲＤに対する初期の出資者は、ロックフェラー家、ホイットニー家、フィップス家などの資産家や財団、大学などであった。

ＡＲＤの名を一躍高めたのは、１９５７年にＤＥＣ（Digital Equipment Corporation）に投資したことである。

ＤＥＣは後に、ミニコンピューターで一世を風靡する大企業に成長。１９９８年にコンパックに買収され、そのコンパックは２００１年にヒューレット・パッカードに買収されている。

ＤＥＣが創業した当時のアメリカは、多数の中小コンピュータ企業が生まれては消えていくという状況だった。そこでＡＲＤのドリオットらは、ＤＥＣの創業者たちにまずコンピューター用のモジュールを発売し、それがうまくいってから完成品のコミューターを発売するようアドバイスしたという。この戦略が見事に成功してDECは飛躍を遂げたのである。

アメリカのベンチャーキャピタルの第2段階は、1958年に中小企業投資会社法ができ、出資者の幅や出資目的の幅が広がることでもたらされた。この法律には、税制上の優遇によって投資を促進し、経済を活性化させようという政府の狙いがあった。

法律の適用を受ける中小企業投資会社は、自ら投資した額の4倍の低利融資を政府から受け、投資に回せるというもので、多数の投資会社が誕生した。

しかし、ブームにありがちなことだが、中小企業投資会社の経営や投資判断は杜撰であり、また低利にせよ融資は返済しなければならない。そのため、特に東海岸ではできるだけリスクを避けようとする動きが強まったが、同時にアーリーステージ投資からプライベート・エクイティ投資に切り替えたり、私募、公開株、ロールアップ、合併などの手法も採用されるようになった。

アメリカ西海岸は、東海岸に比べると雰囲気がまた異なった。

シリコンバレーでは、スタンフォード大学で学んだ学生たちが新しいテクノロジーを用いた企業を立ち上げ、それをベンチャーキャピタリストが育てるというパターンが早くからできていた。インテル、ヒューレット・パッカード、ナショナルセミコンダクターなどがその代表格だ。

テクノロジー関連の投資がシリコンバレーで盛んになったのは、投資環境が新しいアイデアに寛容だからだといわれる。スタンフォード大学やカリフォルニア大学が、新しいテクノロジーの開拓に必要な財源と人材を提供した。


1970年代後半になると、キャピタルゲインに対する税率が引き下げられ、年金基金がベンチャーキャピタル・ファンドなどリスクの高い資産に投資できるようになった。そのため、数々のベンチャーキャピタル・ファンドが設立され、機関投資家などの大口の資金が流れ込むようになった。その結果、アメリカでは投資資金が急増し、ベンチャーキャピタル業界も活況を呈した。

しかし、80年代後半には株式相場の暴落とともに急激に失速する。多くのベンチャーキャピタルが消え、伝統的な企業育成の機能より短期的なリターンを求める動きが強まった。

その後も、アメリカのベンチャーキャピタル業界はリーマンショックを含め何度かの浮き沈みを繰り返しているが、最近はＡＲＤなど初期のベンチャーキャピタルの良さを取り入れつつ、スタートアップ前の段階から起業家のサポートを行ったり、事業会社に近い規模で分業体制によりスピーディーかつ手厚いサポートを行ったり、新しい動きも出てきている。

銀行とベンチャーキャピタルのビジネスモデルの違い

資金の出し手という意味では、銀行も同じような機能を果たしている。

しかし、銀行とベンチャーキャピタルには大きな違いがある。銀行とベンチャーキャピタルの一番の違いは、銀行は「リスクを潰す＝リスクを取ってはいけない」という考え方であるのに対し、ベンチャーキャピタルは、「積極的にリスクを取って、リターンを狙う」という考え方であることだ。

なぜこのような違いが生じるかというと、そもそも、それぞれが保有する資金の性質が全く異なるからだ。銀行の資金の大半は、一般の預金者による預金であり、元本保証が原則である。もちろん、無担保融資も行われているが、ベンチャー企業のようなリスクの高い会社への投資は資金の性質を考えるとリスクが高すぎる。

一方で、ベンチャーキャピタルに資金を出資しているのは、機関投資家や事業会社等のプロの投資家で、投資に対するリスクを十分に理解した上で、リターンを求めて出資している。だから、積極的にリスクを取り、大きなリターンを狙っていくのがベンチャーキャピタルであり、銀行が資金提供できないようなベンチャー企業にも出資できるのだ。

この違いは、特に研究者や医師らと話をすると理解されていないことが多いので、例を挙げて説明したい。

銀行が出す資金は「融資」である。融資にもいろいろなパターンがあるが、基本は金利や返済期間、返済条件を決めて資金を貸し付け、それに利息を付けて返済してもらう。

利息には法律上いろいろな制限があるうえに、同業他社との競争もあるので、それほど高くするわけにはいかない。現在、日本での企業向け融資ならせいぜい年数％がいいところだろう。

例えば10社に融資して、そのうち1社でも倒産すれば大変な打撃になる。そのため、銀行は融資にあたって必ず融資先の財務状況を細かく調べ、さらには担保を求める。中小企業であれば、経営者の個人資産にまで担保を設定することもある。万が一、返済してもらえなかったら、担保を処分して融資を回収するためだ。ローリスク・ローリターンのビジネスである。

一方、ベンチャーキャピタルが提供する資金は「投資」である。銀行のような資金の貸し付けではなく、資金を出す代わりに投資先企業の株式を取得する。担保など不要だし、個人保証も必要ない。

では、ベンチャーキャピタルがどうやってリターンを得るかといえば、投資した企業が新規株式公開（ＩＰＯ）したり、他社に売却（Ｍ＆Ａ）することにより、保有する株式を高値で売却することで収益を得るのだ。株式には通常、配当金を受け取る権利があるが、基本的に赤字企業が投資対象なので、配当金を受け取るケースはほぼゼロで、出口に成功するまでなんの実入りもない。

ここで、他企業からのM&Aがゴールになるというのは大変重要なポイントといえる。日本では起業というと上場を目指すイメージばかりが先行し、買収されるというと印象はあまり良くない。

しかし、ベンチャー企業にとっては、大手企業に買収されることがメインの目標であり、成功を意味する。創業メンバーに莫大な利益が転がり込むのはもちろんのこと、革新的な製品を量産し、世に広める過程において、大手企業の事業基盤や資本力を活用するのは非常に有効だからだ。

なお、ベンチャーキャピタルのリターンは資金を出す（株式を取得する）タイミングにもよるが、少なくとも数倍、場合によっては10倍以上も可能だ。もちろん、逆に出資した会社が倒産すれば出資金はゼロになる。

しかし、極端な例ではあるが、10社に出資して9社が倒産しても、1社が大成功して10倍以上のリターンが得られれば、トータルではプラスになる（実際には、これだけ多くの投資先が倒産すると問題ではあるが）。このような考え方で出資をするからこそ、ハイリスクの案件にも投資ができるのだ。

図表10　銀行融資のしくみ

資金10億円：10社に１億円ずつ融資：年利３％と仮定

10億円 ＝ １億円 × 10社 × ３％ ＝

3,000万円（年間金利収入）

10社のうち１社が破綻し、回収不能となると……

元本回収に3年以上かかる
⇒ビジネスモデルが成り立たない
⇒担保をとって、回収不能を回避

図表11　ベンチャーキャピタルによる投資のしくみ

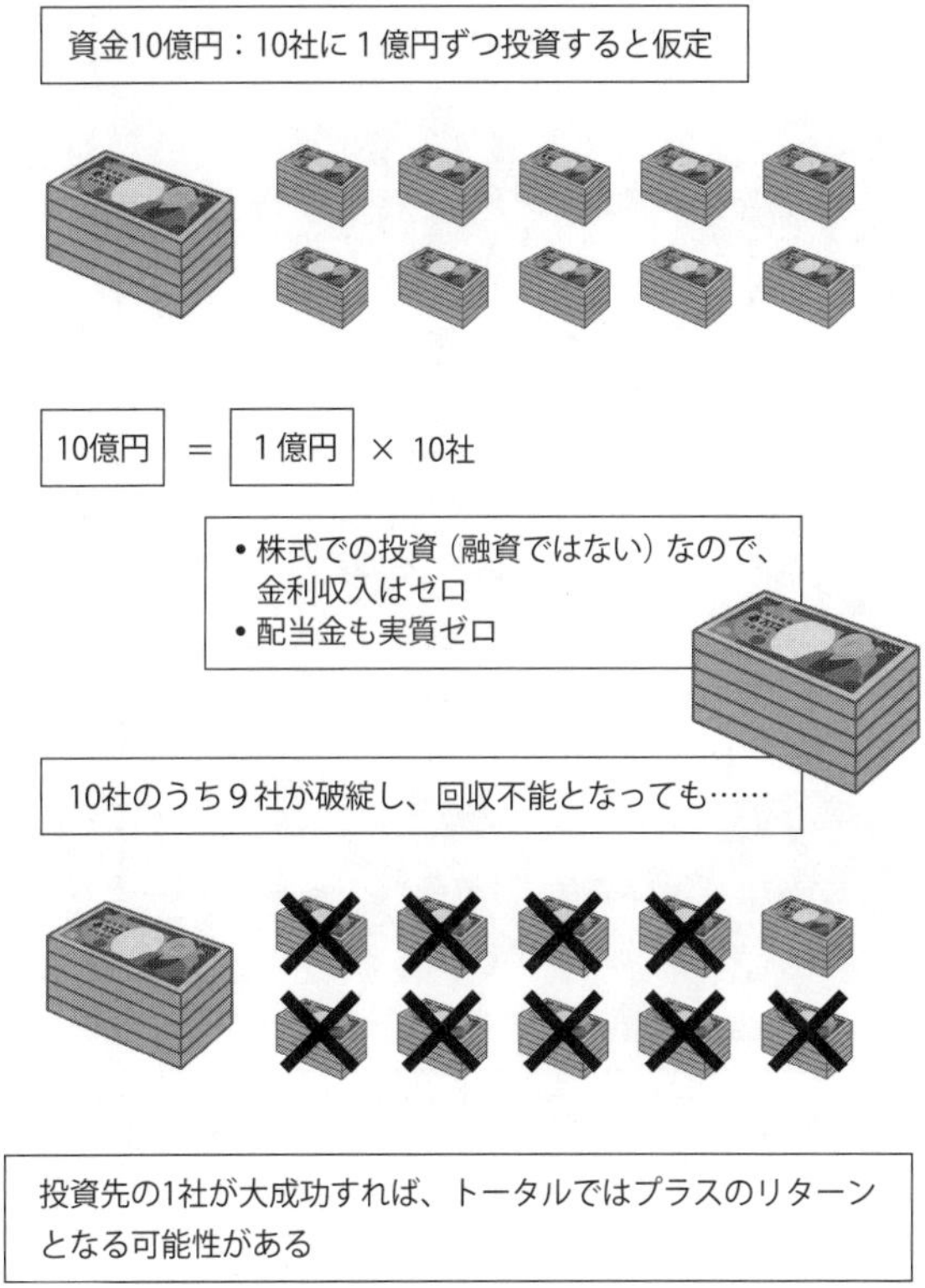
資金10億円：10社に1億円ずつ投資すると仮定
10億円 ＝ 1億円 × 10社
•株式での投資（融資ではない）なので、金利収入はゼロ
•配当金も実質ゼロ
10社のうち9社が破綻し、回収不能となっても……
投資先の1社が大成功すれば、トータルではプラスのリターンとなる可能性がある

図表 12　ベンチャーキャピタルの仕組みと期待リターン

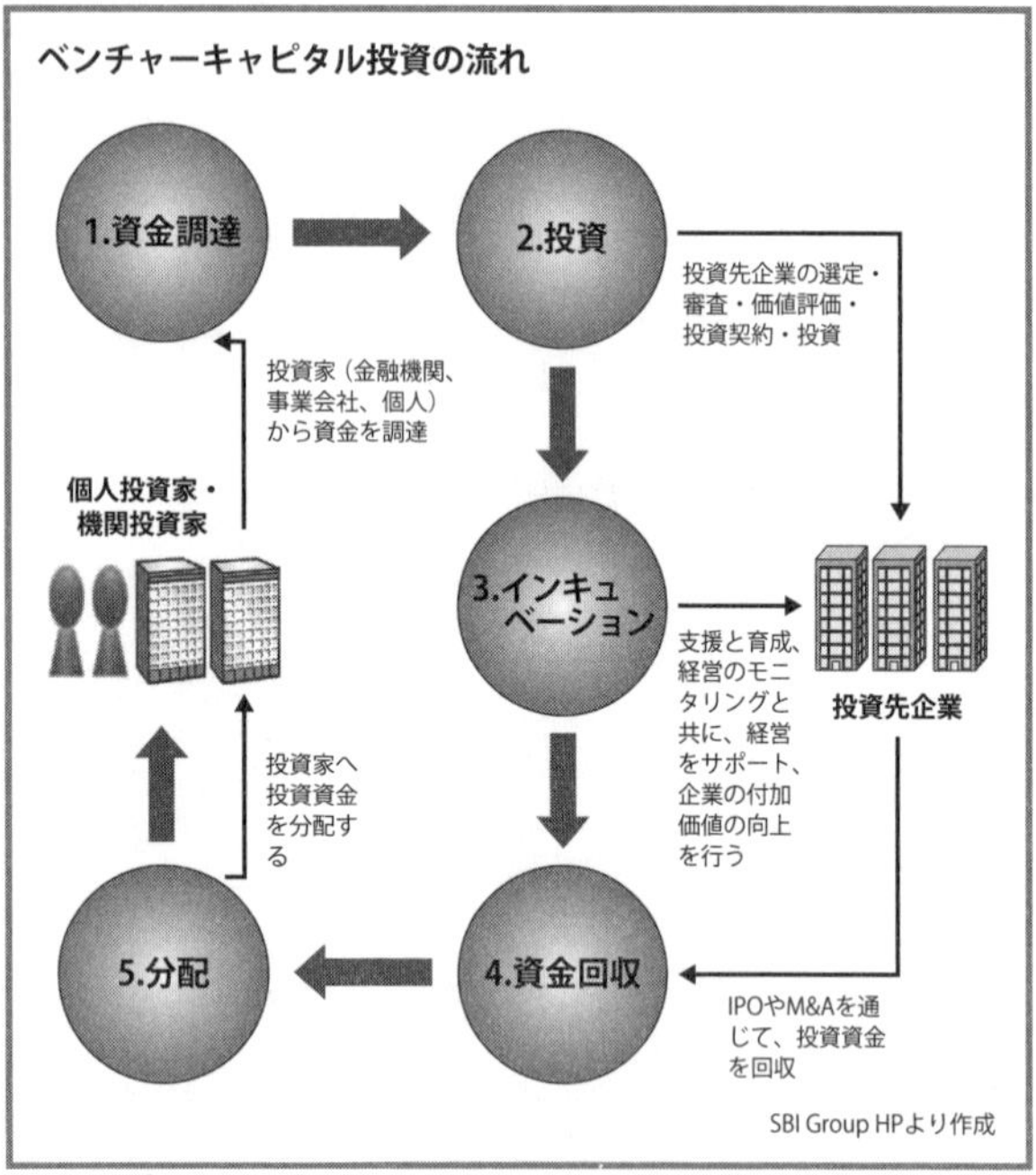

ベンチャーキャピタル投資の流れ
1.資金調達
2.投資
投資先企業の選定・審査・価値評価・投資契約・投資
投資家（金融機関、事業会社、個人）から資金を調達
個人投資家・機関投資家
3.インキュベーション
支援と育成、経営のモニタリングと共に、経営をサポート、企業の付加価値の向上を行う
投資先企業
投資家へ投資資金を分配する
5.分配
4.資金回収
IPOやM&Aを通じて、投資資金を回収
SBI Group HPより作成

期待リターン
■アーリーステージ
IRR＝50 ～ 80%
（5年間で7 ～ 20倍程度リターン）
■ミドルステージ
IRR＝30 ～ 50%
（5年間で2 ～ 7倍程度のリターン）
■レートステージ
IRR＝20 ～ 30%
（1 ～ 2年で1.5 ～ 2倍程度のリターン）

ファンド運用期間：
7～10年
マネジメントフィー：
2～3％

ベンチャーキャピタルの仕組み

　ベンチャーキャピタルは、ファンドと呼ばれる基金を運営する。ファンドは、Limited Partner（以下、ＬＰ）と呼ばれる投資家から出資を受ける。ファンドサイズは、数十億円から数百億円の規模で、対象とする領域やステージによっても、金額は異なる。弊社のような比較的、アーリーステージのベンチャー企業を投資対象とするファンドだと、一件当たりの投資額も、それほど大きくはならないので、数十億円規模が一般的だ。多額の資金を必要とするレートステージを主な投資対象とするなら、一件当たりの投資額も大きくなるため、数百億円規模という大型のファンドが必要になる。ファンドに出資するＬＰには、金融機関や保険会社等の機関投資家や、事業上のシナジーを求める事業会社、個人投資家等、様々であるが、ある程度のリターンを求めてファンドに投資をする。従って、実績のある投資家が運営するファンドなら資金が集まるが、実績のない投資家には誰も資金を託さない。期待リターンはファンドによっても様々であるが、一般的には、右ページの図表12にあるようなリターンが求められる。

また、ファンドには期限がある。ベンチャーキャピタルのファンドの期限は通常、7〜10年ほどであり、例えば、7年のファンドであれば、7年後には一旦、投資した株を現金化し、LPに分配する。ファンド設立から年数が経つと、エグジットまでの期間が長い案件には投資できない。

ベンチャーキャピタルのファンドは期間限定なので、長年、存在する老舗のベンチャーキャピタル等は、こういったファンドを何度も立ち上げている。結果が良ければ、次のファンドも組成できるが、結果が悪ければそれで終わりの厳しい世界である。

また、「ベンチャーキャピタルの日々の運営資金はどうなっているのですか」という質問もたまに受けるが、運営資金はファンドの資金の一部を使う。マネージメントフィーと呼ばれ、一般にファンド総額の2〜3%を年間のマネージメントフィーとして受け取り、これを元手に運営する。ベンチャーキャピタルで働くベンチャーキャピタリストの給料やオフィスの賃料等がマネージメントフィーから支払われることになる。

例えば、10年のファンドだと、2%×10年=20%がマネージメントフィーとなる。ベンチャーキャピタルは、これらのマネージメントフィー分も投資によってリターンを得なければばならないのだ。

ベンチャーキャピタルのファンド自体に期限があるため、そこで働くベンチャーキャピタリストも、その期間以上の雇用の保証はない（アメリカではそれ以前に、パフォーマンスが悪ければその瞬間に終わりなので、それは大した問題ではないが）。ベンチャーキャピタルが運営を継続していくためには、既存のファンドで良いパフォーマンスを出し、再度、ファンドを集める必要がある。そして、パフォーマンスの良いベンチャーキャピタルは、何度もファンドを集め、ファンド規模も拡大していく。ファンド自体の成績も重要であるが、結局はそのファンドを運営する個人の実績次第なので、実績をあげたキャピタリストは自らファンドを立ち上げる。

ベンチャーキャピタリストにとっては、自分のファンドを立ち上げるのは一つの目標であり、そのためには、担当した案件の成功実績を積み上げていくしかない。成功と失敗がはっきりと分かる投資の世界で、コンスタントに成功実績を積み上げていくのは簡単ではないが、それ以外の近道はない。

ベンチャーキャピタルの投資はリスクのある投資

ベンチャーキャピタルと銀行の違いは、資金提供にあたってのスタンスにも表れる。

銀行は融資にあたって、決算書や事業計画、資金使途、担保などについて、それこそ重箱の隅をつつくようなチェックを行うと言われる。詳細なチェックリストがあり、基本的には減点方式なので、減点項目が多ければ「融資できません」と杓子定規な対応になりがちだ。

融資実行後も融資先企業との利害は100％一致するわけではない。例えば、融資先の企業が大きな成長を遂げて、株式の価値が何十倍になったとしても、銀行の取り分は金利だけなので、基本、長期間にわたり、きちんと返済してくれる企業が銀行にとっては優良な融資先となる。もちろん、融資先が成長すれば、融資金額が増えるなど、銀行にもメリットはあるが、そのリターンは限定的だ。

一方、ベンチャーキャピタルももちろん、決算書や契約書、事業計画、資金の使途などについて弁護士らによるチェック（デューデリジェンス）を行う。しかし、多少不備があっても、それだけで判断するわけではない。むしろ、ベンチャー企業に完璧な会社など滅多になく、不備があることは理解した上で、その企業が持つアイデアや技術の可能性に賭けるのである。筆者（大下）がシリコンバレーで投資をしていた時も、シリコンバレーのベンチャー企業でさえ、その多くがデューデリジェンスでなんらかの問題が見つかっていた。弁護士からすれば、「こういう問題のある会社には投資しない方が良いのでは？」と保守的な立場でのコメントになりがちだが、リードインベスターがその意見に従ってばかりだと、どこにも投資できない。だから、「このベンチャー企業には、足りない部分があるのは分かっています。しかし、このベンチャー企業には素晴らしい技術があり、我々はその価値に投資するのです」と、弁護士の意見に反しても、投資を実行しなければならない。指摘のあった問題点は、投資後に体裁を整えていく。ある程度のリスクがあるのは承知の上で投資を行うのが、本来のベンチャーキャピタル投資だと思っている。

そして、投資を実行すれば、その後は株主となり、経営陣と一心同体の立場になる。投資までは投資条件その他で、ある意味、敵対した関係でいろいろと議論を戦わせるが、一旦投資すれば、同じ船に乗った状態、いわば運命共同体である。失敗したらお互いに失うものは大きいし、成功した時はお互いにその果実を享受する。同じような立場だから、経営にも深

図表13　ベンチャーキャピタルの3つの機能

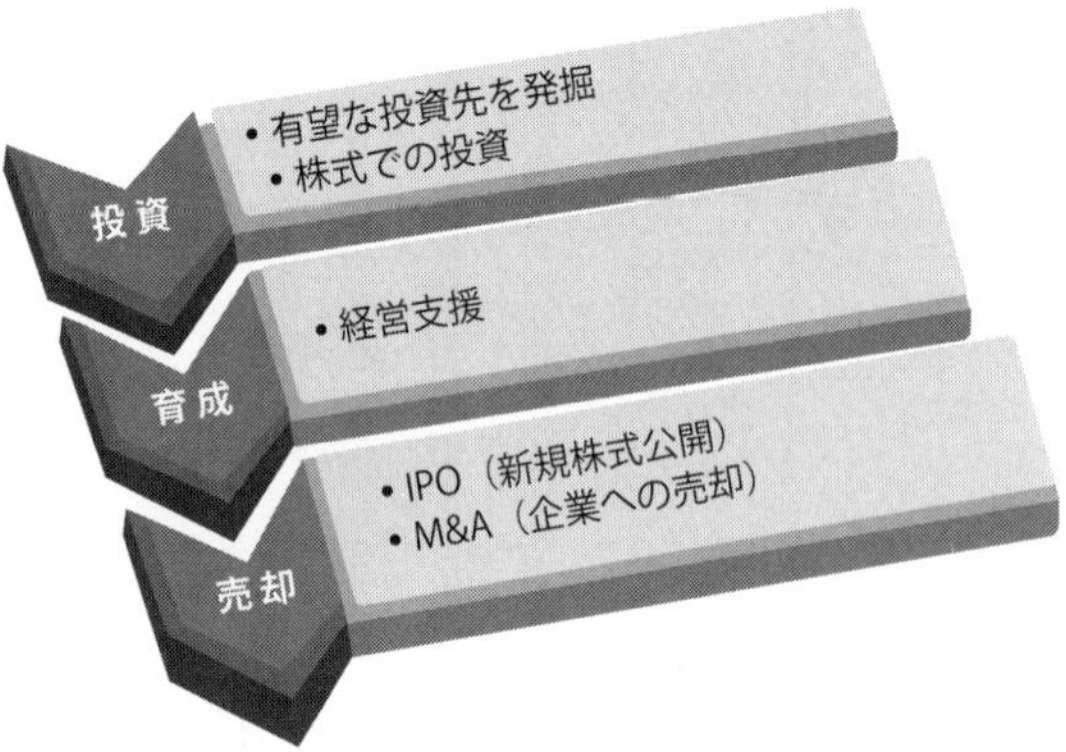

投資
・有望な投資先を発掘
・株式での投資
育成
・経営支援
売却
・IPO（新規株式公開）
・M&A（企業への売却）

く関与することができる。お互いの関係は非常に密度の濃いものとなるのだ。

我々のような医療機器に特化したベンチャーキャピタルであれば、事業化のデザインにはじまり、非臨床試験や薬事戦略などの計画策定、臨床使用に向けた安全体制の構築、製品導入戦略、大手企業との提携など、まさに製品開発のプロセス全体にわたってサポートする。開発段階に応じて薬事、安全管理の専門家など必要な人材の紹介やリクルーティング、さらには他のベンチャーキャピタルやファンドに声をかけて追加資金の調達なども行う。

ベンチャー企業に寄り添い、一緒に出口を目指すのがベンチャーキャピタルなのである。

ベンチャーキャピタルにはそれぞれ得意分野がある

ベンチャーキャピタルには得意分野がある。我々は医療機器を専門にしているが、ＩＴやバイオ、エネルギー等を得意とするベンチャーキャピタルもあり、それぞれの分野の専門家を抱えている。

日本では従来、分野を特定せず様々な分野に投資するベンチャーキャピタルも多かったが、最近は分野を絞って専門家を揃えるケースが増えている。

たしかに、レートステージで上場間近のベンチャー企業への投資となると、技術的な評価よりも、売上や利益等の数字面での評価が重要になる。見るべき視点が異なるので、技術分野にフォーカスする必要はないかもしれない。

しかし、特にシードやアーリーステージのベンチャー企業では、評価ポイントの多くは、そのベンチャー企業の持つ技術の価値である。技術の価値や実現可能性を評価できない限り、将来の売上や利益の予想は絵に描いた餅に過ぎず、まったく意味をなさない。

さらにベンチャー企業の経営者自身、技術や医学の専門家ではあっても、経営や医療機器の事業化に関する専門家ではないことも多いため、あらゆる面からの支援が必要になる。

事業の方向性を決める事業化デザイン、特許戦略、薬事戦略、臨床戦略、人材の採用、大手企業との契約等、重要な経営上の意思決定などを行うためには、その分野に精通したベンチャーキャピタリストでないと、適切なサポートを行うことは難しい。医療機器を見たことも触ったこともない投資家では、そういったサポートは難しく、ハンズオン型のサポートは行えないのだ。

このような事情から、ベンチャーキャピタルはそれぞれ得意分野にフォーカスしていくことが理想的であり、案件数が豊富に存在する米国では、医療機器やバイオ専門のベンチャーキャピタルが数多く存在する。

しかも、医療機器でも全部の診療領域を一人でカバーするのは容易ではないので、循環器の医療機器、整形の医療機器など領域を細分化して専門家を置いていることもある。普段からその分野の事情に精通し、今どんな治療法が行われているか、現在の問題点は何で、将来どんな技術が必要とされているか、どんなベンチャー企業が登場し、ホットな技術はなにか。そうしたことについて普段から情報収集を行い、各自の知識レベルを上げていくのである。

案件を入手して、その疾患名から調査しているようでは、本当の価値の見極めに辿り着くのは簡単ではない。

投資案件の発掘方法

シリコンバレーのようにエコシステムが確立した場所では、優良案件は一般のベンチャーキャピタルにはなかなか出回らない。実績のある起業家が創業した優良ベンチャー企業には、既にその起業家らと関係の深い投資家が関与し、必要金額は身内の投資家で調達できてしまう。わざわざ外部に資金調達に回る必要もないのだ。

一方で、実績のないベンチャー企業経営者には、なかなか資金が集まらない。ベンチャーコンフェレンス等、投資家を集めて、資金を募るプレゼンテーションを行うような機会もあるが、そういうところで発表しているベンチャー企業は、基本的に自分たちのネットワークだけでは資金調達が行えなかったベンチャー企業であり、優良案件とは言えないものも多い。

投資家としては、そういった起業家らのネットワークにどうやって食い込んでいくかが最重要であり、一旦その中に入り込むと、黙っていても優良案件が入ってくる。別の言い方をすると、優秀な投資家とは、既に実績があり、そういったネットワークを持っている投資家であるともいえる。

筆者（大下）がベンチャーキャピタルで働き始めた頃、日本を拠点にし、出張ベースで海外の投資先を探していた。しかし、「所詮、日本から来た訪問者」という立場ではどうしてもこのネットワークに入り込むことはできない。本当の意味での信頼関係を構築することはできない。いつか、シリコンバレーに腰を据えて働きたいと思ったのは、これがきっかけだった。

容易に想像できると思うが、ベンチャー企業の起業家にとって、資金がなくなることは最大のリスクであり、キャッシュがなくなるということは、即、破綻を意味する。特に、残り資金が少なくなり、窮地を迎えているような経営者にとって、出資してくれるベンチャーキャピタルに感謝する気持ちは当然に生じるし、経営陣はそこから会社を成功に導くことにより、投資家からの信頼を得ることが重要だ。

そして、成功し、自らも大きなリターンを手にした経営者は、当然ながら窮地を救ってくれたベンチャーキャピタルに報いたいという気持ちになる。もちろん、その会社を成功させたことにより、既に投資家には報いているわけではあるが、成功し、再度、起業した後も、必ず、かつてお世話になったベンチャーキャピタリストに声をかける。恩を受けた相手には必ず恩返しをするという浪花節的な、本来、当たり前のことが当たり前に行われている。シリコンバレーというと、なんとなくドライなイメージをもたれる方も多いが、実際には、シリコンバレーほどウエットな社会はないと思う。義理と人情に支えられて、エコシステムは成立しているのだ。

ベンチャーキャピタリストとして、このウエットな世界で生き残っていくためには、実績を出しつつ、外部から信頼される仕事をするしか方法はない。ネットワーキングパーティで名刺交換するだけでは、本当の意味での人脈には発展しない。共に苦境を乗り越え、一緒に仕事をした間柄でないと生まれない信頼関係が、そこには存在する。一朝一夕で実現するものではなく、これによってベンチャーキャピタリストとしての価値が決まると言ってもいいと思う。

一方で、日本での案件発掘はまったく事情が異なる。医療機器に関していえば、国内で成功したといえるベンチャー企業は非常に少ないので、実績のある起業家自体が限られている。ほとんどの案件が、初めてベンチャー企業を起業する起業家からのものであり、かつての成功実績を参考に評価することができない。そもそも、会社とはどんなものか、ベンチャーキャピタルとは何かといったところから説明しなければいけないケースも多く、優良案件を見つけるのは、容易ではない。

まだ起業には至っていない技術者、医師、研究者らと慎重な話し合いを重ね、ようやく起業に至るようなケースも多い。大きなハードルではあるが、これを少しでもシリコンバレーに近づけることが、我々の使命だと考えている。

目利きの重要性

ベンチャーキャピタルのメンバーは、それぞれ投資対象の分野における専門家であり、ベンチャーキャピタルの目利き力は、エコシステムを確立するためにもなくてはならないものである。

いかに有望なアイデアや技術であっても、それを正しく評価できるベンチャーキャピタルが存在しなければ、ベンチャー企業の成功はない。特に、医療機器のように専門知識が必要な分野であれば、それなりに医療機器の経験のある者でなければ、そのアイデアや技術の価値は評価できない。その疾患の治療方法や問題点、これまでの開発の歴史、市場の将来性、技術的なハードル、大手企業の動向等、正しい知識と経験がなければ、評価できるものではない。

例えば、ベンチャー企業の事業計画を評価するにしても、その疾患の名前すら知らないベンチャーキャピタリストが、その医療機器を正しく評価するのは容易ではない。なんの知識もない段階から、疾患名を本で調べ、専門家にインタビュー等を実施したところで、結局は正しい解答にはたどり着けない。医師や技術者らへのインタビューも、誰に聞くかによって、全く正反対の意見を言われることもある。業界に精通していないと誰に聞けば良いかもわからない。特に日本は、残念ながら、世界で医療機器の承認にもっとも時間がかかると言われてきたように、最先端の医療機器がまだ承認されていないことも多く、日本人医師にインタビューしても最先端の技術を知らないこともある。

いずれにしても、最終的には、ベンチャーキャピタリスト自身が、様々な人の意見や知識、経験を参考にして決断する必要がある。付け焼き刃の知識では太刀打ちできないのだ。

そして、ベンチャー企業は通常、ＩＰＯや大企業によるＭ＆Ａのエグジット（出口）までに、最低でも複数回以上の資金調達を行う。資金調達はベンチャー企業にとって、企業として存続するために不可欠のものだが、同時に、外部の目によって開発の方向性や進捗状況に問題ないかをチェックされる意味がある。

もし、何らかの問題があるのであれば、そのベンチャー企業は早めに清算した方が、多くの関係者にとっても、また市場全体にとっても好ましい。駄目な案件に資金が集まると、結果として製品化や上市まで至らず、いずれ破綻する。多額の資金を集めた後にベンチャー企業が破綻すると、「やはり、医療機器は、お金はかかるが成功は難しい」ということになってしまう。駄目な案件は、早めに駄目になった方が全体にとっては好ましい。

理論上は、優秀なベンチャーキャピタルが正しいスクリーニングを実施していれば、良い案件には資金が集まり、そうでない案件には資金は集まらない。特に、本当に優良な案件なのに資金が集められず、資金枯渇により破綻するといったケースは極力、避けなければならない。ベンチャーキャピタルのスクリーニング能力が、エコシステムの実現にとって重要であることは間違いない。

図表 14　シリコンバレーのスクリーニングシステム

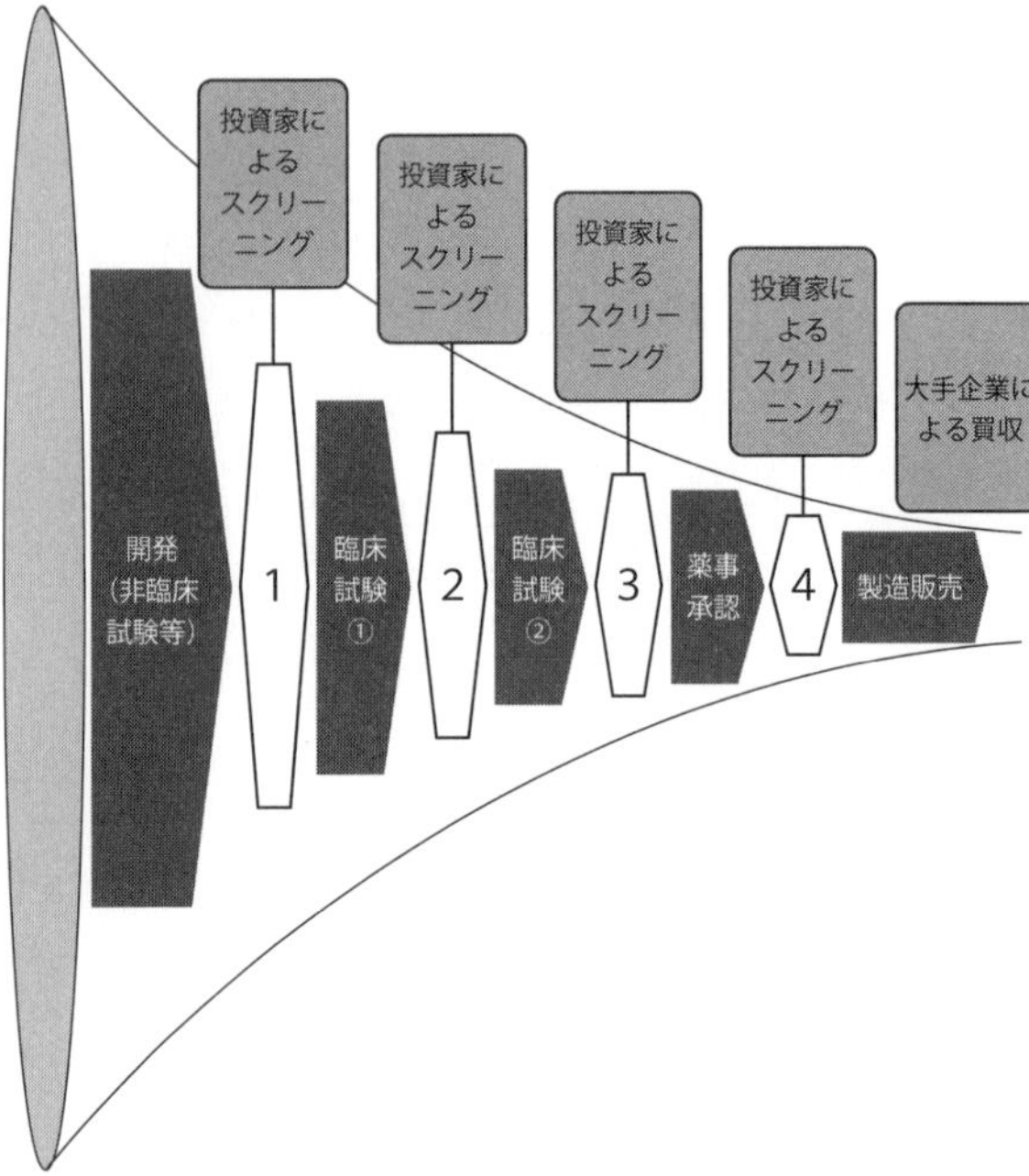

- 各ステージで、投資家によるスクリーニングを受けているため質の高い案件のみが成功まで辿り着く
- 医療機器の専門家による高度なスクリーニングプロセスなしでは、優良案件は育たない

成功のカギを握るリードインベスター

ベンチャーキャピタルの投資では、リードインベスターが全ての投資家を代表して、その投資ラウンドを仕切る。リードインベスターは、各投資ラウンドで必要資金の大半を出資し、経営にも関与していくベンチャーキャピタルが多い。ベンチャー企業との投資条件の交渉からデューデリジェンス、投資書類の作成等、その他の投資家を代表して投資を完了させる役割を担い、責任も労力もその他の投資家とは比較にならないくらい重い。

例えば、投資の際の重要な条件の一つとして、Valuation（企業価値評価）がある。簡単にいうと、出資を受ける際の株価を交渉するわけであるが、ベンチャー企業からすれば、できるだけ高い株価で出資してもらい、自分たちの持分比率が薄まらないようにしたい。第2章（P.58）でも触れたように、薄まることを希薄化ともいうが、要するに、自分の保有する株式の保有比率が少なくなることだ。例えば、20％保有していた創業者の株が10％や15％というふうに減少することを希薄化（＝薄まる）という。

一方、ベンチャーキャピタルとしては、できるだけ低い株価で投資し、より多くの持分を保有したい。お互いに、立場が違うので、当然、激しい交渉が行われる。また、通常、優先株での投資となるので、様々な投資条件についても議論が行われる。

これら全ての交渉をリードインベスターが行い、投資条件を決定するわけだが、この条件が他の投資家にとって魅力のない条件だと、自分たち以外の投資家が参加してくれず、目標金額に到達しない。通常、投資ラウンドごとに必要となる金額があるので、それが集まらないということはリードインベスターとしての信頼が揺らいでしまうことになる。リードインベスターとなれば、その他の投資家等も自分のネットワークで集め、目標金額を集める必要がある。優秀なリードインベスターであれば、他の投資家も追随するし、そういうネットワークがないとリードインベスターとしては力不足ともいえる。

ベンチャー企業にとっても、ベンチャーキャピタルから資金調達するために最も重要なのが、優秀なリードインベスターを見つけることである。シリコンバレーでもリードインベスターを見つけるのは容易ではないが、優秀なリードインベスターが付けば、他のベンチャーキャピタルや投資家も追随してくるし、経営面でも様々なサポートが受けられ、成功確率が高まるのは間違いない。筆者（大下）は、投資の多くをリードインベスターとして実行してきたが、リードインベスターとして投資するのは、単に一投資家として投資するのと比べ、その負担は5倍も10倍も増える。それでも、ある程度のシェアを持って経営に参画していくためには、リードインベスターになることは重要であるし、逆に、ベンチャーキャピタル自身がベンチャー企業から選んでもらう立場でもあるので、リードインベスターになれるということがベンチャーキャピタルのセールスポイントにもなる。

一方、リードインベスターは負担が重いので、単に一投資家として参加し、少額での投資しか行わないベンチャーキャピタルも少なくない。自社だけでリスクをとることを嫌い、「みんなで渡れば怖くない」ではないが、最初から複数での共同出資を好む。裏を返せば、ベンチャー企業の技術やアイデアの価値が判断できないから、単独で責任を取りづらいともいえる。

しかし、ベンチャーキャピタルは、そもそもリスクを取ることが重要で、ベンチャー企業もリスクを取ってくれるベンチャーキャピタルを求めている。共同出資ばかりでは、ベンチャーキャピタルの意味がない。単独で決断できるかどうかに、ベンチャーキャピタルの存在意義があると思っている。

また、ベンチャー企業の経営者にとっても、資金調達は最も重要な仕事であり、資金調達に失敗すれば、その瞬間にベンチャー企業は倒産する。極論を言うと、どれだけ経営能力が高くても、資金が集められなければ優秀な経営者とは言えない。そのため、リードインベスターとして投資ラウンドをまとめてくれたベンチャーキャピタルには感謝するのが普通だし、強い絆ができる。この絆が実はとても重要で、最終的にベンチャー企業が成功すればさらに強固なものとなり、彼らが再度、起業する際には、必ず声をかけてもらえる。これらの蓄積が、ベンチャーキャピタリスト個人のバリューとなっていくのだ。

将来の企業価値などから判断

ところで、ベンチャーキャピタルがベンチャー企業へ投資する場合、ベンチャー企業のValuationの妥当性はどのように判断するのであろうか。

企業価値の評価については様々な手法があり、専門の本も多数出版されているが、ここでは実務的に行われている方法を簡単に紹介したい。

図表15　医療機器ベンチャーの企業価値の考え方

企業価値 ＝ 売上高 × 倍率
（見込み）

【倍率の例（目安）】

診断機器	1～1.5倍
治療機器（患者数の多い疾患領域）	3～5倍
治療機器（治療法のなかった疾患）	10倍以上

エグジット時の企業価値を推定するためには通常、図表15（上図）のようなシンプルな公式を使う。年間売上高（推定）に一定の倍率を掛けて計算するが、その製品や対象疾患の市場規模は、医療機器の場合、たいていは、疾患ごとに明確であり、これも医療機器が投資に向いている点でもある。例えば、大腸癌の手術が年間何件あるか、そこで使用される医療機器の市場規模はどのくらいかという数字はある程度、明確なものがある。一般消費財だと、この市場規模の推定自体を見誤ることも多いと思うが、医療機器に関しては、これは比較的把握しやすい。

そして、そこに一定の倍率を掛ける。この倍率は、相場と言ってもいいと思うが、ベンチャーキャピタルや大手企業、ＩＰＯ時のValuationまで、ほとんどはこれが基本となっている。例えば、診断用機器の場合、倍率は1～1・5倍くらいが相場である。診断用機器はどうしても市場に浸透するまで時間がかかり、一気に爆発するような製品は生みづらい。

それに対し、これまでにない全く新しい治療用機器であれば10倍以上になることも珍しくない。また、循環器や整形など、市場規模が大きく利益率も高い領域では、3～5倍程度になるのが通常である。

ベンチャーキャピタルの投資は優先株で行う

ベンチャーキャピタルの投資の多くは、一般的な普通株ではなく、優先株で行われることが多い。これは、後から高いValuationで出資するベンチャーキャピタルの権利を保護するためや、今後の経営やエグジットに向けて、どうしても守ってもらいたい条件等を付与するために行われ、米国では、ほぼ全てのベンチャーキャピタル投資が優先株で行われている。その条件には様々なものがあり、ベンチャーキャピタルがどのような条件を求めるかは案件の内容や状況によっても異なってくる。

例えば、取締役会のメンバーについても規定することになるが、メンバーが創業者らに偏っていたり、経験不足のメンバーがいたりする場合には、その構成を変えるように要求することもある。また、ハンズオン型のベンチャーキャピタルであれば、取締役の議席を確保するよう、ここで規定する。その他、優先株の内容については、出版されている書籍も多いので、それらを参考にしてほしい。

投資を断るとき

投資の依頼をベンチャー企業から受けても、当然ながら、投資できない案件の方が圧倒的に多い。投資できない理由は様々だが、投資できないことをベンチャー企業の経営者に伝えることは、ベンチャーキャピタルにとっても簡単なことではない。資金調達を行っているベンチャー企業にとって、出資の拒絶は、即、会社の倒産ということも珍しくないからだ。真摯に対応することが求められるし、検討に長期間かけて、結局、断るというのはさらに迷惑をかけることになるから、できる限り迅速な対応も求められる。

ベンチャーキャピタルとして投資業務を行う限り、案件を断ることは避けて通れないが、断る場合でも心がけていることがある。それは、断る理由をできる限り具体的に、ベンチャー企業からみても、ある程度納得できるような説明をすることである。

例えば、技術は面白いが狙っている市場が適切ではないとか、もう少し○○のエビデンスが必要であるとか、可能な限り、足りないものを説明したいと思っている。投資を実行できなかったとしても、そうしたアドバイスをすることで、そのベンチャー企業がまた軌道修正して投資対象となる場合もあるし、実際にそういう事例もある。また、ベンチャーキャピタルの適切なアドバイスから新たなアイデアが生まれ、ベンチャー企業の誕生へとつながることもある。

誰もが100％納得するような説明をすることは、現実的には難しいが、結局は、人と人とのつながりがビジネスを生むと信じて、この姿勢はずっと続けていきたい。

MedVenture Partners設立の経緯

筆者ら（大下および池野）が経営するMedVenture Partnersは、日本で初めての医療機器分野に特化したベンチャーキャピタルである。政府系の投資会社である産業革新機構および、みずほ銀行、ウシオ電機、田中貴金属工業、メディキットの計5社から合計60億円の出資を受け、医療機器ベンチャーへの投資を行っている。ただし、国内にはまだ医療機器ベンチャー自体が少ないこともあり、投資先の多くは、アイデア等をもつ技術者や医師を起業からサポートするような案件が多い。

設立の背景を少し説明すると、数年前、政府でも医療機器が重点分野として取り上げられる中、政府系の投資会社である産業革新機構の中でも、医療機器分野への投資が検討された。しかしながら、国内には医療機器ベンチャーが少なく、投資対象となるような医療機器ベンチャーが少なかったため、なぜ医療機器ベンチャーが育たないのかについて議論が行われ、結果として、日本のエコシステムに足りないものが複数あることが分かった。そのうちの一つが、医療機器専門のベンチャーキャピタルが国内になく、特にシード、アーリーといった技術の価値評価や、インキュベーションが必要となる段階での資金提供が十分に行われていないのではないかという仮説に辿り着き、弊社が設立されることになった。

医療機器専門のベンチャーキャピタルなので、メンバーは医療機器業界の経験者が多く、それぞれが得意分野を持っている。全ての専門分野に対応することは難しいが、特にホットな領域は普段からその動向を注視し、今後の方向性をできる限り把握するようにしている。過去の歴史も含め、その流れを理解することが、対象となる製品の未来をも想像する材料になるし、成功例、失敗例をどれだけ見てきたかも投資家としての重要なアセットになるのだ。

また、最先端の革新的医療機器の舞台は、国内だけではなく、世界中を同じ土俵として考える必要がある。そのためには、海外での医療機器ベンチャーやベンチャーキャピタル、起業家、開発者らとのネットワークが必要になるが、MedVenture Partnersではこれまでのメンバーの海外での経験を通じ、シリコンバレーやミネソタ等の米国でのネットワークはもちろんのこと、イスラエルの医療機器ベンチャーキャピタルとしては最も著名なTriVenturesとも協力関係にある。その他、シンガポール、インド等、近年、医療機器開発が盛んになっている国々とも、情報交換や、投資先ベンチャー企業の事業展開等でも協力する体制が整っている。

ベンチャー企業に携わる素晴らしさ

筆者（大下）は、海外の医療機器ベンチャーと関わるようになり19年目を迎えたが、その間、5年ほど、シリコンバレーのベンチャーキャピタルで、現地採用で働いていた。

そこで一番驚いたのは、シリコンバレーには、ビジネスのあらゆる分野における優秀な人材が揃っていることだった。シリコンバレーでベンチャー企業といえば、技術開発型のベンチャー企業だが、画期的な製品を開発するためには、各分野でかなりハイスペックの人材が必要となる。

どんな天才でも、全ての分野でプロになるのは無理なので、いろんな才能を持った人材が集まらないとなかなか良いものはできない。各分野における優秀な人材をスピーディーに集めて、一気に開発する。時間がかかれば、資金が尽きてベンチャー企業は潰れる。スピードはベンチャー企業の生命線なのだ。

そして、普通だったら集まらないような優秀な人材がしっかり集まるのがシリコンバレーである。それもアメリカだけではなく、世界中から優秀な人材が集まっている。結果的に、「こんなものが本当にできるのか？」というような製品であっても、優秀な人材の化学反応の結果、本当にできてしまうのだ。完成が難しいと思われるような難易度の高い製品が完成し、患者で使用され、実際に患者が救われる。アイデアを生み出した医師、開発した技術者、投資をしたベンチャーキャピタル、全てが協力して、人が救われる過程を経験できるのがベンチャー企業の素晴らしい点であり、大企業ではなかなか実感しにくい部分だと思う。このような感動があるから、ベンチャー企業との仕事はいつまでたってもやめられない。

また、開発だけではなく、セールスにはセールスのプロがいる。開発が終わって販売段階になったら、CEOが交代するのもごく普通だ。会社のステージが変わったら、当然、CEOに求められるものも変わる。販売ステージなのに、販売を1度も経験していない技術者がCEOを続ける必要はない。そして、セールスやマーケティングのプロと言われるCEOが就任すると、それを追うようにセールスのプロたちが一気に参加し、信じられないスピードで新製品を啓蒙し、販売していく。そして、一気に出口に到達する。このスピード感は圧巻である。

こうして人材のレベルがどんどん上がり、さらに循環していく。優秀な人材にはまた次なるチャンスが巡ってくる。逆に、信頼を損ねると次のチャンスはない。だから、信頼を損ねるようなことは誰もしない。

重要なことは、個人としての信用を築くことだ。ベンチャー企業なのでもちろん失敗するケースもあるが、「どのようにして失敗したのか」ということもその人材を評価する材料となる。失敗したとしても、それがその個人の原因ではないことも多い。

個人としての実績と信用ができれば、仮にベンチャー企業が事業に行き詰まっても、次の仕事は必ず見つかる。結局は個人と個人のつながりがベースで仕事をするのであり、不毛な社内人事や足の引っ張り合いなどをしている暇はない。これがベンチャー企業の素晴らしい点であり、日本にもぜひ普及してほしい。

国内医療機器ベンチャー育成への想い

筆者ら（大下および池野）は、ともにシリコンバレーで医療機器ベンチャーに関わってきたが、なぜ、日本には医療機器ベンチャーが生まれないのかと、かつて何度も議論したことを思い出す。当時、日本では医療機器は注目領域ではなかったし、ベンチャー企業の生まれる気配も感じなかった。近年、国内で医療機器が注目され、ベンチャー企業育成の機運が高まっていることは、我々にとっても長年の想いを実現するチャンスであり、大きなやりがいを感じている。

また、実際にファンドをスタートするにあたり、医療機器のベンチャー企業がまだ十分に存在しない日本で、医療機器専門のファンドを運営することに、不安がなかったわけではない。優良なアイデアや技術は本当に存在するのか、起業を志すような医師や、研究者、開発者はいるのかなど、不透明な部分も多かった。

しかし、ファンド運用開始から2年以上が経ち、多くの人々に会う中で、素晴らしいアイデアや技術に出会うことができた。ベンチャーマインド旺盛な起業家も実際に存在するし、臨床医としても素晴らしい実績を持ちながら、医療機器の開発に熱心に取り組んでいる医師もたくさんおり、我々自身も大いに勇気づけられてきた。これだけ多くの産業が生まれた日本なのだから、医療機器分野に活用できるものはたくさんあるはずだし、実際に、その可能性を感じている。一番足りないのは、どうやって事業化するか、どうやって資金を結び付けるか、ベンチャー企業を助けるベンチャーキャピタルの存在意義は間違いなく大きい。我々への期待と責任を感じつつも、日々、新たな出会いを待ち望んでいる。

第4章　医療機器ベンチャーが成功するためのヒント

ニーズと市場規模を重視する

医療機器の開発にあたって必要とされるものとして、まずはニーズの発掘が挙げられる。ニーズファインディングと呼ばれるが、実際の医療現場でどのようなニーズがあるかを的確に把握することから、医療機器の開発は始まる。これとは逆のケースが、特殊な技術や素材等から生まれる技術志向型のアイデアであるが、技術をベースにニーズを探すパターンでの成功事例は多くはない。ニーズを見誤ると、せっかく開発は成功したのに想定通りに売れないという、医療機器ベンチャーとしては、最も避けなければならない状況に陥るため、開発に入る初期の段階で十分な検討が必要となる。

ニーズファインディングについては、後述するバイオデザインが最も重視しているところで、詳細はそちらに譲るが、医療機器に限らず、製品開発において最も重要な要素である。

また、ニーズと同様に重要な要素として「市場」がある。特にベンチャー企業においては、最終的にその事業がどのくらいの価値になるかによって、開発にかけられる時間も金額も決まってくる。その基盤となるのが、市場規模であり、小さい市場であれば、どんなに良い製

図表16　ニーズと市場規模から考える

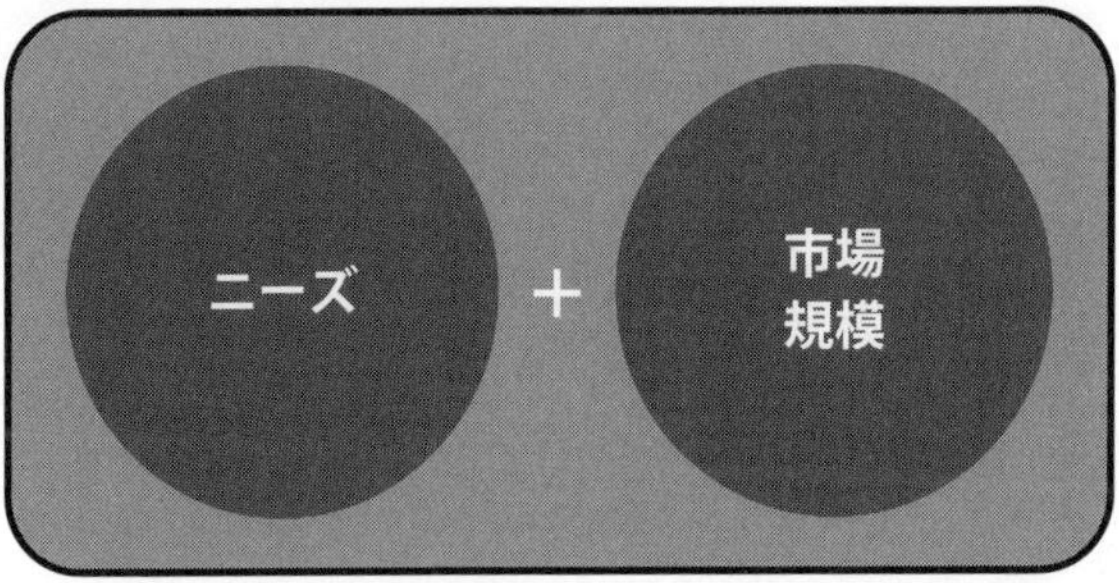

- 両立して初めて適正な事業となる
- 医療機器はニーズから
- 市場規模（ビジネスサイズ）によって投資可能金額が決まる

品であってもベンチャー企業としてのリターンには限界があり、投資に至らないケースも多い。

例えば、第１章で挙げたＴＡＶＩは、市場が巨大であり、これを狙うベンチャー企業も多数出現したが、市場規模が大きく、大手各社ともになんらかの製品を持たないわけにはいかなくなったため、多数のベンチャー企業が買収され、成功した。これが小さい市場であれば、一社が買収されると、なかなか第二、第三の競合は参入が難しいのだが、市場規模が大きければ、複数のベンチャー企業を吸収できる余地がでる。

このニーズと市場規模の両方を満たす案件というのが、実際には非常に少ない。特に、ニーズは医師から出てくることが多いが、多くの医師は目の前の患者の治療が最優先で、ビジネスとしての市場規模という概念を持っていない場合も多い。ニーズを理解しつつ、ビジネス的な視点で市場規模も考えられるような医師が増えれば、より多くの優良案件が生まれるのかもしれない。

ひとつの製品に特化する

ベンチャー企業のビジネスプランをみると、よくあるパターンに、複数の製品やアプリケーションの開発を狙ったプランも多い。コアとなる技術があり、これが使える疾患が複数考えられる。だから、その全てを狙った方がビジネス規模も大きく見えるし、全てが成功すれば、大成功という計画も描ける。または、本当はBという巨大市場を狙いたいものの、それには多額の資金が必要となるので、まずはAという比較的、小さめの市場を狙い、そこで得たキャッシュを使って、Bという巨大市場に本格参入するといったパターンもよく目にする。

しかしながら、ベンチャー企業は、そもそも使える資金も時間も人員も限られている。無尽蔵に資金が使える大企業ならまだしも、ベンチャー企業が同時に複数の製品を開発するのは容易ではない。非臨床や、臨床試験に必要となる資金が二重に必要となり、現実的ではない。まず小さなAから、大きなBという戦略も、Aでキャッシュを生むどころか、いつまでたってもA単体でも黒字にはならず、本来開発したかったBが永遠に作れないまま倒産するということも多い。

そもそも、ベンチャー企業の開発はリスクが高くて当たり前。リスクが高いことをやるからこそ、価値があるのだ。だとすれば、本当にやるべき、最も市場の大きい製品のみにフォーカスし、開発をするのが医療機器ベンチャーの王道だと思う。小さな市場を狙う暇があるなら、初めから大きな市場を狙うというプランにし、必要な開発資金をはじき出し、その資金をベンチャーキャピタルから調達する。それで、十分なリターンが出ないプランなら、初めから、開発する価値はないのだ。

また、医療機器開発は常に世界市場との競争である。いくらすごい製品を開発しても、それよりすごいものを海外の誰かが先に開発してしまえば、その価値は一気に下落する。シリコンバレーやミネソタの最先端ベンチャー企業とも同じ土俵で戦わなければならないことを考えれば、本来やるべき製品の開発に最初から全力投球すべきなのは明らかである。

開発資金は将来の企業価値から逆算する

開発をスタートする初期の段階で行うべき重要なポイントの一つが将来の企業価値を推定することである。企業価値の簡単な求め方については、P．125で述べたが、まずは、そのアイデアが将来的にどういった価値になるのかをザックリと見積もる。事業化デザインの説明でも述べたように、この企業価値が分かれば、使える資金の限度も見えてくる。具体的には、ピークの企業価値が数十億円規模だとベンチャー企業としての起業は難しい。また、資金調達は、段階的に行うので、そのゴールに辿り着くまでにいくつのマイルストーンがあり、その都度、どれだけの資金や期間が必要かも概算する。

一方で、大企業の開発等でよくあるのが、まずはまとまった開発資金が提供され、テーマの選定から開発計画まで全てを開発部隊が行うパターン。開発が進み、ある程度、製品化が見えた段階で、ようやく社内で稟議をあげ、大規模な開発資金の決裁を得ることになるが、

図表17　開発資金の見極め方

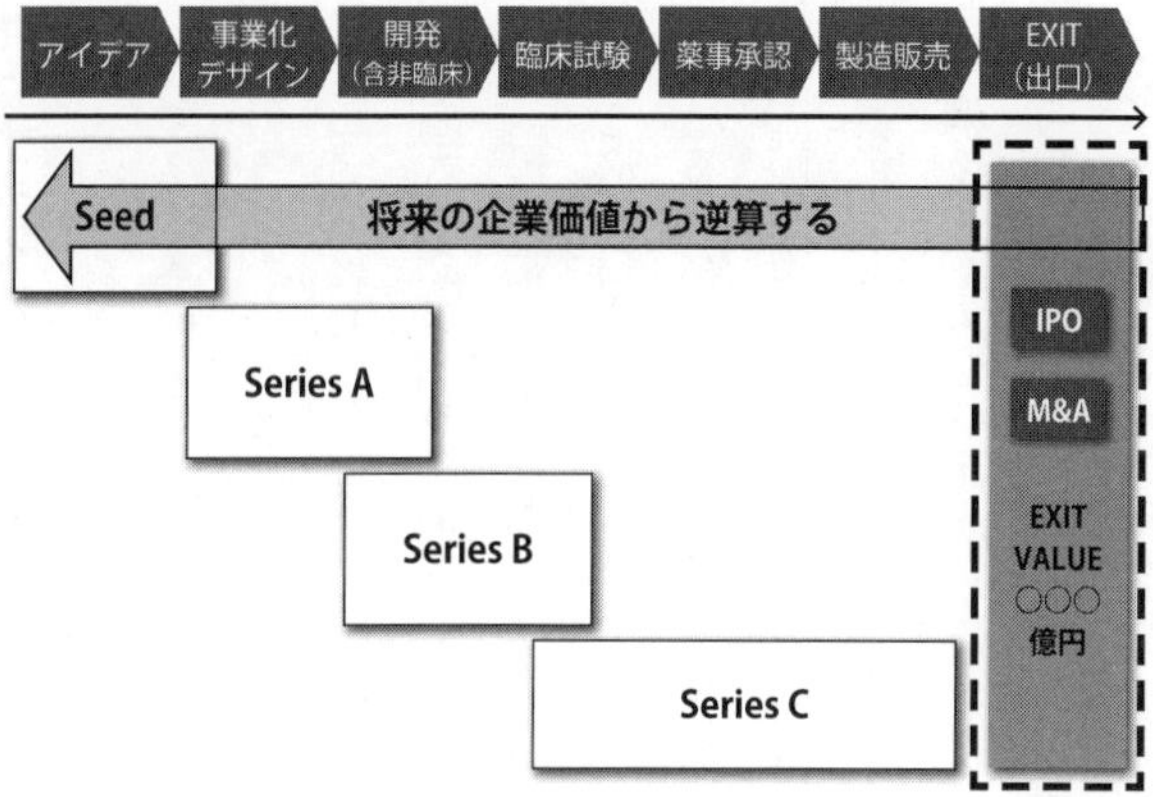

市場規模に見合わないという理由で決裁を得られず、開発が頓挫するというのも珍しくはない。

しかし、ベンチャー企業なら、そもそも、こういった事例は初めから資金調達ができず、初期開発さえできない。研究開発には遊びの部分も必要であるし、大企業の開発はそれを承知の上で行われているものも多いが、本来なら、開発を始める前に、その事業性に疑問符のつくようなプロジェクトも多数あるように思う。

ゴールは大きく狙う

「一つの製品に特化する」と近い部分だが、ベンチャー企業である限り、こぢんまりしたゴールは狙うべきではない。戦う相手が、世界最大手の巨大企業であっても、シリコンバレーの最先端ベンチャー企業であっても、あるいは、行政から厳しい注文を付けられたとしても、最も大きなゴールを描くことが必要だし、描けないならベンチャー企業としての成功は難しい。最先端の医療機器は、常に世界との競争だ。本当に革新的な製品なら、海外で開発されても必ず日本にも導入されるし、日本で開発されても、国内だけでなく海外でも間違いなく売れる。ハリウッド映画と一緒で、市場が世界だと思えばそれだけ大きな制作資金が使えるし、国内市場しか見ていなければ、大金をかけて制作することはできない。常に、世界市場で戦えるような製品を開発することが医療機器には求められるのだ。

また、例えば、大きな市場はあるものの、承認や保険のハードルがあるため、まずは小さな市場から狙うというケースを考えた場合も同様で、最終的には大きな市場に挑戦しなければ、ベンチャー企業として成功はできない。だとすれば、ハードルは高くても、大きな市場から挑戦するのがベンチャー企業のセオリーである。もちろん製品によって例外はあるが、小さな市場から入ることが大きな市場への参入に、大きく有利に働く場合以外は、大きな市場から狙う方が成功する確率は高くなる。

大手企業との付き合い方

医療機器ベンチャーのエグジットの多くはM＆A、すなわち、大企業への売却である。従って、大企業との付き合いは必ず必要になってくるし、大企業から注目されることも重要である。一方で、それとは正反対に、大企業は将来、競合となる場合もある。不必要に情報を与えると、後で、とんでもないしっぺ返しを食らうこともある。では、ベンチャー企業は大手企業とどのように付き合えばいいのであろうか。

大手企業がベンチャー企業を買収するステージは、必ずしも決まってはいない。ポテンシャルの高い領域ならば、他社に先を越されまいとアーリーステージで買収することもあるし、市場のポテンシャルが売上という指標でしか評価できないような製品ならベンチャー企業自身がある程度の売上をあげるところまで成長させていく必要がある。従って、大手企業と付き合うべき時期は、製品や領域によっても異なってくる。

大手企業と話し始めると、当然ながら、具体的な製品の話になる。ある程度の情報を提供することになるので、秘密保持契約の締結は当然だが、まだ特許の取得のめども立っていない段階で話をするのは時期尚早といえる。特許取得後、または、ほぼ取得のめどが立ったような段階でも遅くはない。

また、市場規模が巨大で、大手企業が早期から高い興味を示すような製品であれば、早めに大手企業に最小限の情報を提供し、友好関係を築いていくこともある。友好関係を示す一つの方法として、大手企業がベンチャー企業に早い段階から出資して株主となる方法もある。大手企業が株主となることのメリットは、その大手企業との関係が強化されること以外に、そのベンチャー企業のポテンシャルの高さを外部に示す材料にもなる。大手企業が少額であれ、出資をしているという事実は、大手企業が買収の意欲を持っているという客観的な証拠にもなるし、それを期待するベンチャーキャピタルからの出資は受けやすくなる。

一方で、大手企業から出資を受けるデメリットとしては、情報が大手企業に渡ってしまうこと、また、特定の大手企業と仲良くし過ぎると、他の大手企業が買収に手を挙げにくくなってしまうことだ。そうなると、買収価格はそれほど上昇せず、期待以上のリターンが得られなくなる。従って、大手企業から出資を受ける場合も、少数株主としての出資が一般的で、大手企業といえども、特別な権利のない単なる一投資家としての出資となることが多い。大手企業にとっても、赤字会社であるベンチャー企業を連結対象に入れてまで出資しようという意図はなく、少数株主としての立ち位置が最も居心地が良い。

もちろん、傘下にベンチャーキャピタルを抱え、もっと積極的な投資をしている大手企業もあるが、大手企業と早くから組むことが、将来的なエグジットにどのような影響を及ぼすかは慎重に検討しなければならない。

インキュベーション会社との協業

シリコンバレーやミネソタ等、医療機器ベンチャーのメッカには、インキュベーション会社と呼ばれるベンチャー企業の開発を支援する会社が約20社もあり、様々な医療機器の開発に関わっている。インキュベーション会社は、事業化デザインから薬事承認まで、各ステージにおいてベンチャー企業をサポートする。実際の製品開発はもちろん、特許戦略や薬事戦略等、医療機器開発で必要とされる全てのサポートを提供することができる。インキュベーション会社も得意分野を持っており、例えば、カテーテルのようなディスポーザブル製品を得意とするところもあれば、MRIやCTのような大型の装置を得意とするところもある。「はじめに」で紹介したチェスナットメディカルのCEOらは、現在、脳血管内治療を得意分野とするインキュベーション会社を運営しているが、世界の最先端の製品を開発したメンバーが、開発に協力してくれるのだから、これ以上、心強い味方はいない。

また、インキュベーション会社によって報酬の形態は異なり、完全に開発費で請け負うところもあれば、ベンチャー企業の株をもらい、現金での支払いは少額で抑えてくれるところもある。一部だけの開発を担う場合もあれば、最初から最後まで一気通貫で面倒をみるところもある。インキュベーション会社には様々な専門家が所属しており、フルタイムでの社員もいれば、外部のコンサルタントもいる。開発する製品によって、必要となる専門家も異なるので、製品ごとにチームを組んで開発をサポートする。大規模なインキュベーション会社だと、フルタイムの人員が１００名を超えるような規模のものもあり、常時、それだけの仕事があることに驚かされる。

もちろん、ベンチャー企業だけでなく、大企業の仕事も請け負っているし、アメリカだけでなく、海外企業からの依頼も多い。日本には、同様のインキュベーション会社はまだないが、アメリカのインキュベーション会社の多くは既に海外企業との協業経験もあり、会社が日本にあったとしても、彼らに開発等を委託することはできる。日本で医療機器に注目が集まっていることもあり、インキュベーション会社の多くは、日本との協業を心待ちにしている。

MedVenture Partnersの投資プロジェクト例

ここでは、我々が現在、投資している医療機器ベンチャーの事例を2つ紹介したい。特許取得等の関係でそのすべてを詳しく紹介することはできないが、本章で説明してきた成功のためのヒントをより具体的に理解する上で、参考になるであろう。

【事例1】

硝子体手術の新しい器具を開発

株式会社 硝子体《しょうしたい》手術研究所

細さと剛性の両立が課題

株式会社硝子体手術研究所はその名の通り、網膜の奥にある眼球の硝子体という部位の手術に用いる医療器具を開発しているベンチャー企業である。

硝子体は眼球のなかにある透明なゼリー状の組織で、この組織が炎症や出血などにより混濁したり、網膜を牽引して網膜剥離となったり、様々な疾患を引き起こす。

硝子体手術は、白目の部分に小さな孔を開け、そこから細い器具（通常3本）を眼球の中に入れ、出血や濁りを取り除いたり、網膜にできた増殖膜などを治し、網膜の機能を回復させる手術である。

硝子体手術はいまや、網膜剥離や網膜症、黄斑円孔などの眼科疾患で広く用いられ、国内の症例数は年間約13万件、年率5～10％で増えている。米国での症例数は年間約35万件にもなる。眼球に三本の金属製のパイプを挿入し、そのパイプを通して、鉗子、カッター、ライト等の器具を挿入し、処置する。腹部で行われている腹腔鏡手術を、目に対して行うようなものである。

硝子体手術がこれだけポピュラーになったのは、診断機器の発展とともに、治療器具の細径化が進んだからだ。以前は、器具の太さが20ゲージ（約0・9㎜）あり、挿入箇所に縫合を必要としていた。

現在、硝子体手術で使われる器具で最も使われているものは太さ25ゲージ（約0・5㎜）のもので、市場の60％を占めている。25ゲージであれば、小さいとはいえ器具を差し込む入り口の縫合が必要となることもある。

これに対し、最も細い27ゲージ（約0・4㎜）なら器具の挿入箇所も多くが自然治癒し、多くの症例で縫合が不要になる。

一方、新たな課題も出てきている。それは器具が27ゲージになると器具の剛性が不足し、先端がしなった状態で鉗子等を使用することになり、手技が難しくなることだ。器具の根元を太くすることで剛性を出すアプローチもあるが、効果は限定的。そのため、27ゲージの器具はあまり普及しておらず、現在は市場全体の1割程度に留まっている。

この課題を解決するには、新素材に、より極細でも高強度で操作性に優れ、高効率な器具を開発することが有効である。

そこで、金属加工のエキスパートである福井準一氏は素材から見直すことにした。既存製品ではステンレスやチタンが使われている先端部に、画期的な新素材を用いることで、既存製品にない剛性を実現したのである。ただし、剛性のある0・4㎜径の新素材をパイプ状に加工するのは至難の業であり、実際にそれを実現できる技術者はほとんど存在しない。福井氏の長年の技術の蓄積の下に実現した製品なのである。

現在、製品の開発および設計が進んでおり、臨床使用も見えてきている。硝子体手術の分野で伸び悩んでいる27ゲージ器具に革新をもたらし、世界中で、新たな市場を開拓することが同社の目標である。

医工連携による革新的医療機器の成功例

硝子体手術研究所で開発にあたっているのは、元新日鐵のエンジニアだった金属加工のエキスパートである福井氏と、眼科の臨床エキスパートである武蔵国弘医師である。臨床ニーズを熟知した武蔵医師の熱意が、福井氏との出会いを生んだ。まさに、医学と工学がタッグを組んだ、医工連携の典型的なケースといっていい。ニーズから技術へという流れも理想的である。

筆者ら（大下および池野）は、２０１４年８月に初めて福井氏とお会いした。当時すでに新素材による27ゲージのキーパーツは試作済みであったが、まだ福井氏の金属加工会社において研究開発を行っている状態で、事業計画などはまだこれからという状態だった。

そこで、出資にあたって当社がまずアドバイスしたのは、金属加工会社とは別にベンチャー企業を設立することであった。スピンオフ等と呼ぶが、まったく異なる事業なので、別会社にして目的を明確にした方が良い。そして、福井氏と武蔵医師が取締役となって株式会社硝子体手術研究所を設立した。

また、手術用器具は様々な製品があり、その一部はほぼ完成していたが、それだけでは市場規模も限られる。そこで、一緒に手術で用いる一連の器具も自社で開発し、より大きな市場を狙っていくことになり、２０１５年12月、開発資金の追加出資を実施した。すでに、大手医療機器メーカーからも関心が寄せられている。

これまで日本では「医工連携」とよく言われるが、ベンチャー企業としてきちんとエグジット（出口）までいったケースはほとんどない。また、技術を持った中小企業は数多いが、その技術が活かせる最適なニーズや市場とマッチしたケースは数少ない。本件が、その象徴的な成功例となることを期待している。

図表18　眼球の構造と硝子体手術

眼球の構造

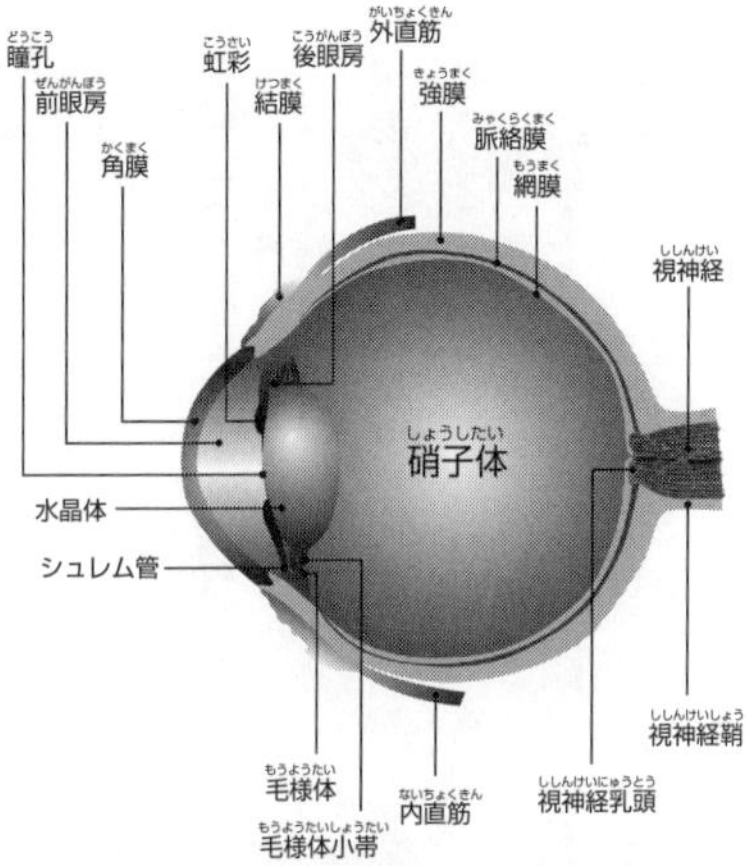

硝子体手術

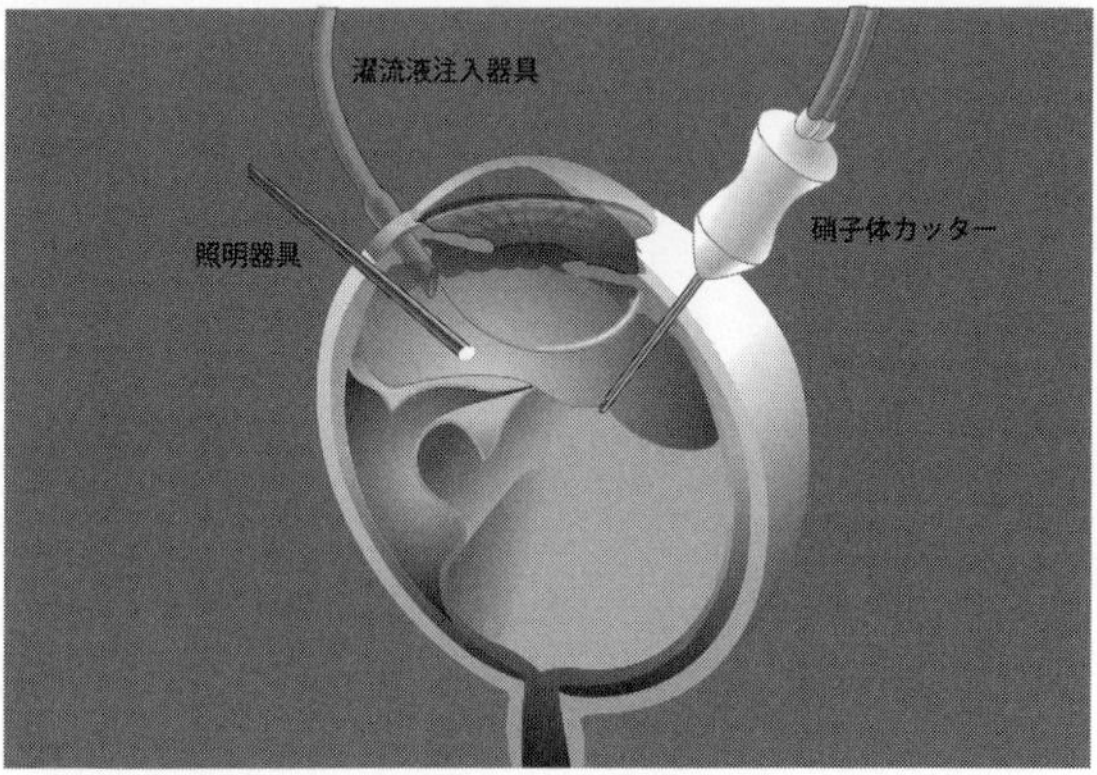

【事例2】

脳梗塞治療用の画期的なステントを開発

株式会社 Biomedical Solutions

脳血管疾患による死亡の6割は脳梗塞

脳血管疾患のうち脳梗塞は死亡率が高く、脳血管疾患による死亡の60％以上を占める。また、高い確率で後遺症が残る。

脳梗塞の治療にあたっては、血流再開までの時間が生存率や、術後の予後に大きく影響する。現在、最も効果があると言われているのは、組織プラスミノーゲンアクチベータ（ｔ－ＰＡ）を静脈注射して血栓を溶かす血栓溶解療法だ。しかし、ｔ－ＰＡは発症から4時間半以内でないと、投与できない。

これに対し、新たな治療法として注目されているのが、脳血管の血栓を除去するステント型血栓回収カテーテルによる治療だ。ステントは、元々、血栓を回収するために作られたわけではなく、血管内に留置して、細くなった血管を広げるのが目的だった。しかし、たまたま行われた治療で、ステントが留置できず回収してきたところ、血栓が付着していたことから、ステントを血栓の奥まで進めて、このステントに血栓を絡めて、回収しようとしたのが、ステント型血栓回収カテーテルである。

Biomedical Solutions社が創業して間もなく、最初の世代の血栓回収カテーテル（非ステント型）はあまり良い結果を出せなかったため、カテーテルによる脳梗塞治療は、伸びないように思われた。ステント型血栓回収カテーテルも、その時期、その可能性を疑う声もあったが、2015年に入り、ステント型の良好な臨床試験結果が次々と報告され、今では、脳梗塞治療のガイドラインでも推奨される治療法となった。

今後の課題は、より遠位にディリバリーでき、血管へのストレスを与えずに血栓を回収するカテーテルを作ることであるが、日本でこれを開発しているのがBiomedical Solutions社である。同社は、アメリカ西海岸の医療機器ベンチャー企業に勤務した経験を持つ正林康宏氏と、社長である弟の正林和也氏らが2012年に設立したベンチャー企業である。

当初は、経済産業省の課題解決型医療機器事業に採択され、補助金で開発を行っていたが、

図表 19　ステント型血栓回収カテーテルの仕組み

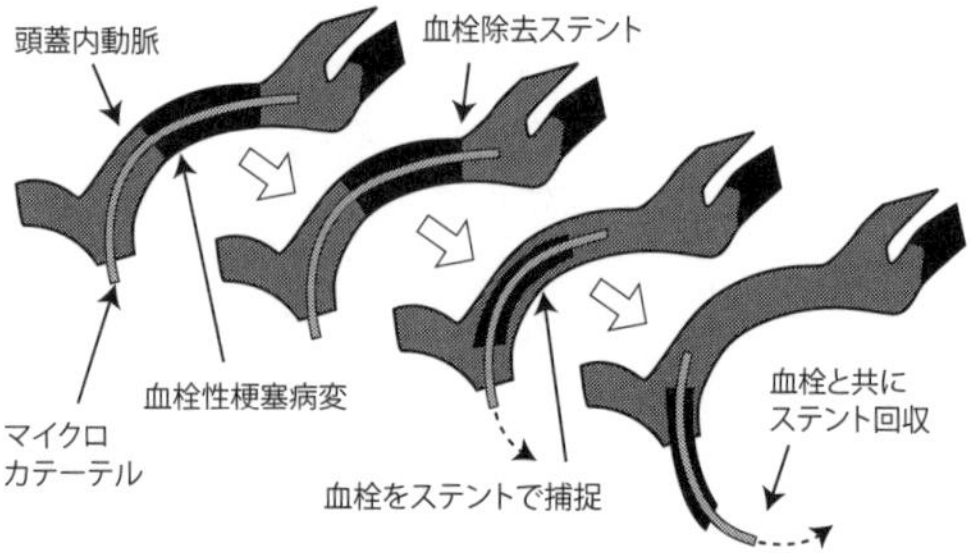

２０１４年にMedVenture Partnersがリードインベスターとして投資を実行。投資実行から一年数カ月が経過した２０１５年12月、大手医療機器メーカーと共同開発契約を締結し、順調に開発を進めている。

医療機器ベンチャーの成功事例も少なく、十分な支援体制も整っているとはいえない日本で、これまで、開発や非臨床試験等、多くのハードルをクリアしてきた。まだ30代の若い創業者が、創業から数年の間に、たくましく成長していく姿には、我々も勇気をもらっているし、大企業や大学での研究では決して味わえない高いレベルの経験を得られていると思う。彼らが同社だけでなく、今後、多くの医療機器ベンチャーを成功に導いていくことを期待している。

第5章　医療機器開発における世界と日本の新たな潮流

アイデアについて

新しい医療機器の開発は、アイデアから始まる。しかし、アイデアが素晴らしければそれでいいというわけではない。

医療機器開発の世界的な教科書となっているスタンフォード大学『バイオデザイン』の冒頭、著名な心血管外科医であり数々の画期的な医療機器を発明したトーマス・フォガティ博士は次のように述べている。

アイデアそのものに、重要性はまったくない。重要なのはアイデアを実現することと患者に恩恵をもたらす第三者に受け入れてもらうことである。今日では、他の分野からの多大な援助なしにアイデアをうまく現実化させることは極めて難しい。それら貢献の重要性を決して過小評価するべきではない。価値配分の概念は、非常に重要になる。この配分が下手なイノベーターがよく見受けられる。概念またはアイデアを実行していないのなら、概念やアイデアは存在しないも同然である。

医療現場からの医療機器開発の歴史

歴史的にみても、画期的な医療機器の開発には医療現場からのニーズが重要であり、医療従事者、特に医師が大きな役割を果たしてきた例が多い。

例えば現在、心筋梗塞などの虚血性心疾患の治療にあたっては、洋の東西を問わずＰＴＣＡ（Percutaneous Transluminal Coronary Angioplasty、経皮的冠動脈形成術）が標準的に行われるようになっている。

この治療法は基本的に、狭窄した冠動脈の病変部にガイドワイヤーと呼ばれる細い針金を通過させ、このワイヤーに沿ってバルーンカテーテル（風船）やステント（金属製の網）を病変部まで届けて病変を広げるものである。その開発や普及には、数多くの医師の貢献があった。

１９２９年、自身の肘静脈から尿道カテーテルを挿入し心臓に到達させ、心臓に異物を挿入することが安全にできるということを示し、現在の心臓カテーテル検査・治療の原点を世界で初めて実証したヴェルナー・フォルスマン（ドイツ）。

その成果をもとに1941年、右心カテーテル法を確立したアンドレ・クールナン（フランス）とディッキンソン・リチャーズ（米）。

1953年、ガイドワイヤーを使用しカテーテルを挿入するセルディンガー法を開発したセルディンガー（スウェーデン）。

1961年、低侵襲的血栓除去のため世界で初めてバルーンカテーテルを開発したトーマス・フォガティ（米）。

1962年、カテーテルによる選択的冠動脈造影法を発表したメイソン・ソーンズ（米）。

1977年、世界初のPTCA（経皮的冠動脈形成術）を成功させたアンドラス・グルンツィッヒ（スイス）。

1994年、米国FDAから認可を受けた世界初の冠動脈用金属ステントを開発したフリオ・パルマズとリチャード・シャッツ（ともに米）。

その後も、PTCAでは金属ステントから金属ステントに免疫抑制剤を塗布し再狭窄を克服したDES（Drug Eluting Stent）やバルーンカテーテルの表面に免疫抑制剤を塗布したDEB（Drug Eluting Balloon）へと新しい医療機器が次々に開発され、さらに、最近では、弁膜症疾患領域においては経皮的大動脈弁置換術が登場したりしている。いずれにおいても、医療現場からのニーズが起点になり医師などの医療従事者が医療機器開発の中心的な役割を果たしているのである。

革新的な医療機器開発の成功方程式

新しい医療機器が生まれるには、まず臨床上の問題点が認識され、それを解決するアイデアを探し、具体的な医療機器をつくるため様々なテクノロジーが応用される。その結果、これまでにない画期的な医療機器が誕生するのが正攻法である。

テクノロジーが最初にあり、それを生かすことができる臨床適応を探すという〝後戻り的〟な発想からも新しい医療機器が生まれることもあるが、それは、ＣＴ、ＭＲＩなどの一部の大型医療機器に限られる。

前述のバルーンカテーテル等の例を見てもそうであるが、現実に商品化されている医療機器の多くは、臨床問題を解決したいがためにテクノロジーを利用していったわけで、テクノロジー主導のものは少数派である。

革新的な医療機器を開発するには、医療現場で困っていることを見つけることが重要で、それには日頃患者に接している医療従事者が引き金を引く（問題提示する）ことが必然的に多くなる。そうした問題提示に対してテクノロジーを応用していく手法が最も成功率が高い。

成功率が高いということは、ビジネス的に成功するということだけを意味するわけではなく、実際に患者のためになる医療機器を開発できるということを意味する。

また、革新的な医療機器開発の成功方程式では、チームを組むことも欠かせない。歴代の成功者たちもすべて皆、すばらしく息のあったチームで開発に取り組んでいた。

チームの中には、医療従事者のほか、エンジニアや事業経験者が入っていなければならない。そして、各々が担当業務に集中できるチームワークが必要なのだ。

日本は人材の流動性が米国ほど高くないため、その分、チームを組むため産業界との連携が重要になる。

スタンフォード大学の医療機器人材育成講座

では、いかにして日本でも医療機器を、欧米企業をも凌駕する産業に育てていけばいいのだろうか。

世界シェアを獲得できるような革新的な医療機器が生まれてこないかぎり、それらの成長戦略は絵に描いた餅である。どうすれば革新的なアイデアが生まれてくるのだろうか。

もちろん、気合いと根性だけでは、画期的なアイデアが生まれてくるはずもない。様々な画期的な医療機器が生まれたシリコンバレーをみると、革新的な医療機器が生まれてくる必然的な要素があることに気が付く。

それは、自由闊達な雰囲気、失敗を成功の礎として評価する文化、起業家にとって整ったインフラはもちろんだが、実はそれ以上に重要な要素がある。それは「人」であり、有能な人材を育てる「教育」だ。

その点で、シリコンバレーにおける医療機器産業の人材供給エンジンとなっているスタンフォード大学の取り組みが参考になる。

スタンフォード大学では1999年から、画期的な医療機器を生み出すための具体的なプロセスを意識した講座「バイオデザイン・プログラム」の基礎が誕生し、2001年にフェローシップ制度が始まり正式に開始した。

この講座の設立に最も尽力し、現在も講座の総責任者をしているのが、ポール・ヨック教授である。彼は血管内超音波検査医療機器の開発・起業、モノレール型のバルーンカテーテルの開発、スマートニードルと呼ばれるドップラー付きの穿刺針など様々な革新的な医療機器の開発に携わった経験があり、その経験を後進達に伝え、病める患者の治療に役立つ医療機器開発がより発展することを願って設立したのだ。

この講座では、臨床のニーズ探索とそれを解決するアイデアを探すブレイン・ストーミング、さらに特許の取得、プロトタイプの作製、薬事戦略、ビジネスプラン、資金調達といった実践的な講義が用意されており、最後には参加者がいくつかのグループに分かれての成果を発表する。

プログラムは極めて実践的であり、実際にシリコンバレーで活躍している投資家を含む実社会での医療機器のステークホルダー達の前でプレゼンをして、評価を受ける。

図表20　ポール・ヨック教授

Dr. Paul G. Yock. MD

Program Director
バイオデザインプログラムの発起人であり、現責任者。循環器医である彼は、血管内超音波カテーテルをエンジニアと開発し、CVISというベンチャー企業を立ち上げた。CVISは、現在のBoston Scientific社の一部になっている。

バイオデザインの教科書

日本でもアマゾン等で購入可能である。

このプレゼンテーションの後、資金調達に成功し、終了と同時に起業し、成功したグループも多数存在している。

「バイオデザイン・プログラム」のカリキュラム

このスタンフォード大学「バイオデザイン・プログラム」のフェローシップカリキュラムを簡単に紹介してみよう。

(1) ニーズ発掘

カリキュラムで最も重視されるのは、いかに臨床ニーズを発掘するか、ということである。最初の数カ月は小グループで病院内を回り、より多くのニーズを発掘してくることに費やす。

昨今、日本でも課題解決型のイノベーションが強調されているが、それには、そもそもの臨床の課題に気がついていなければならない。それには、医療現場の医療従事者から直接、課題を聞くことが早い。しかし、そのような課題は、すでに多くの人が気付いている、つまり顕在化している課題であることが多く、その課題を解決するアイデアを導いても競争相手が多くすでに存在する場合が多い。できれば、まだ、誰も気がついていない課題を発見し、それを解決するアイデアを導きだした方が、革新的な医療機器が生まれる可能性が高い。これを課題発見型医療機器開発といい、これを実践するのが、バイオデザインである。これを実行するのは、開発者自らが実際の医療現場に足を運び、医師やナース、患者の行動を観察し、専門家達が気付いていないニーズを客観的な立場で発見すること（潜在的なアンメット・ニーズの発掘）が重要だ。それを実行するために、数カ月という長い期間を医療現場の観察やインタビューに費やす。

一見、無駄なようにも思えるが、それこそが医療機器開発で最も重要な行動なのである。

(2) ニーズの選別

医療現場から多く見つけてきたニーズを選別し、本当に解決する価値のあるニーズを絞り込んでいく。このように、ニーズを掘り起こすフェーズとそれを絞り込んでいくフェーズを分けているのが特徴である。それを選別していく指標としては、病態生理的評価、患者数などの対象市場の大きさ、既存の解決手段の有無、ステークホルダーの意見などを総合し、数多くのニーズを数個以内に絞っていく。

（3）ブレイン・ストーミング

次に重要なのは、ブレイン・ストーミングである。

自分達で発掘したニーズを、市場調査によっていくつかに絞り、そのニーズの解決策、つまり、アイデアを導き出すために徹底的にブレイン・ストーミングを行う。

ブレイン・ストーミングの効果的な方法として、NHK「スタンフォード白熱教室」でも紹介されたデザイン思考のやり方を最初に学び、実行に移していく。具体的には、一つのニーズに対して、最低100～200のアイデアを出すのだ。

（4）アイデアの選別

100～200のアイデアが出たら、それらを特許戦略、薬事戦略、保険償還価格、ビジネス戦略により、総合的に評価し、絞り込んでいく。アイデアを数個以内に絞り込んだら、誰がどのように利用するのかを調べ、有効かどうかインタビュー（Stake Holder Analysis：利害関係者分析）し、最終的に一つのアイデアを決定する。

薬事戦略、特許戦略、ビジネス戦略、保険償還価格なども考慮し、最終的にアイデアを数個にまで絞り込む。この時、このアイデアを実現化するため、どのような技術（シーズ）を使えばよいのかを考える。

（５）課題発見型イノベーション

スタンフォード大学の「バイオデザイン・プログラム」では、このように、臨床ニーズから出発する、いわゆる課題発見型のイノベーションを徹底的に教え込まれる。

（６）特許戦略

競合分析、特許サーチをし、また並行して薬事戦略的にどのような承認プロセスのリスクが生じるかを調べ、最終案をProvisional特許（仮出願）として連邦特許局に提出する。チームごとに現役特許弁護士がメンターとして指導し、実践によって特許戦略を学ぶのである。

（7）ビジネスプラン

その後、ビジネスプランを立てて、起業からベンチャー企業のゴールである出口戦略までに必要な人材のタイプ、人数、諸経費などをシートにまとめ、資金調達のためベンチャーキャピタルやエンジェルのもとを実際に訪ねる。

（8）実業家によるメンターシップ

各グループには、学外の実業家がメンターとしてついて指導する。このメンターシップが「バイオデザイン・プログラム」の成功に寄与している最も重要なファクターと言われている。

実社会からの実学を教える講師とグローバルプログラム

スタンフォード大学の「バイオデザイン・プログラム」でコアになる教員は、医師、ビジネススクール教員1名、工学部教員1名など数名から構成され、特筆すべきは多くの講師が学外からの実際にビジネスに携わっている講師が多いことである。

例えば、実業家、薬事コンサルタント、投資家、起業家、ＦＤＡの審査官なども講師として講義し、またメンターになったりする。

大学内の教員のみによる講義では、実社会の真の声を学生に伝えることができないため、この講座では大学と実社会のギャップを埋め、学生が社会に出てから、本当に役に立つ生きた教育をすることを目的としている。

２０１５年末までにこのプログラムから41社のベンチャー企業が誕生し、うち7社はすでにエグジットに成功している。また、起業した全社が資金調達に成功し、その総額は、３億６０００万ドルを超えている。また、４００件以上の特許出願がなされ、本プログラムによって創出された新しい医療機器により、約49万人の患者が治療を受けている。

特に、20％近くのベンチャー企業が大企業に買収されていることは、シリコンバレーで一般にいわれている3％のベンチャー成功率よりも遥かに高い。これは、スタンフォード大学のバイオデザイン・プログラムの教育が、いかに実践的かを示している。

当然だが、これらのベンチャー企業の知財は、その一部がスタンフォード大学に帰属し、その成功が直接大学の資金運営に関わってくる。

プログラムを修了した受講生の進路は様々である。例えば、そのまま本来の進路である臨床医になる者、エンジニアとしてメーカーに就職する者、大学教官になるもの、医療機器の大手企業に就職する者、医療機器ベンチャーを起業する者、ベンチャーキャピタルに就職する者、などがいる。

このようにして医療機器開発についての経験と知識を備えた様々な専門家が生まれることによって、米国の医療機器産業がとてつもなく強いものになっていくということが分かるだろう。

米国内から海外へも展開

現在、スタンフォード大学の「バイオデザイン・プログラム」を参考にした医療機器イノベーション講座が、全米各地に設立されている。

リーマンショック以降、停滞していた米国経済の復興の重要な柱として、オバマ政権が数年前に掲げた米国復興計画の中心に、医療・製薬・医療機器産業の強化と世界戦略があるからである。これは安倍政権の掲げる「日本再興戦略」と重なって見える。

また、スタンフォード大学の「バイオデザイン・プログラム」は米国内だけにとどまらない。現在、「スタンフォード－インドバイオデザイン（注1）」（２００８年より）、「シンガポール－スタンフォードバイオデザイン」（２０１1年より）の2つのコースが存在する。

これは各国から選抜された各々4名ほどのフェローが半年間スタンフォードに来て、「バイオデザイン・プログラム」で学習し、その後、各国に戻って、ニーズ発掘からビジネスプラン作成までの一連のカリキュラムを実行するものである。

また、２０１０年からは「グローバルバイオデザイン・プログラム」が始まり、スタンフォード大学のフェローが中国やインドの現地医療機関に赴き、各国のアンメット・ニーズを発掘してくる試みを行っている。

これは、現在の医療機器市場が欧米の先進国からアジアの新興市場に移ってきていること、医療ニーズは国によって異なることが多いこと、新興市場には先進国には存在しないようなニーズがあること、などが理由である。

いずれにしろ、将来を見据えた国家戦略の中に、人材育成が重きを置いて組み込まれているのである。

注1）インドのプログラムについては2015年より独自のプログラムを開始しており、2016年以降はスタンフォードに半年間滞在する形態はとっていない。

「ジャパン・バイオデザイン」がスタート

日本でも2015年後半から、スタンフォード大学の「バイオデザイン・プログラム」と連携した新たな医療機器人材育成プログラム（「ジャパン・バイオデザイン」）が始まることになった。きっかけは、安倍首相がスタンフォード大学で行ったプレゼンテーションである。

2015年4月30日、安倍首相は歴代の現役首相として初めてシリコンバレーを訪問し、現地のベンチャー経営者や投資家などとのミーティングに出席。さらに、スタンフォード大学において、「シリコンバレーと日本の架け橋プロジェクト」を発表した。

これは、安倍首相の言葉によれば、日本の素晴らしい技術を持ち、やる気に満ちあふれる優秀な人材に思い切ってシリコンバレーに飛び込んでもらい、制度だけをまねるのではなく、人も企業も、頭の先から足の先まで、シリコンバレーの文化を余すところなく吸収し、その色に染まりきってもらうことを目指すプロジェクトだ。

具体的には、企業の「架け橋」、人の「架け橋」、機会（チャンス）の「架け橋」の3分野に分かれる。

このうち人の「架け橋」のひとつとして、スタンフォード大学と東京大学、大阪大学、東北大学、日本医療機器産業連合会が提携し、医療機器分野において共同で世界最先端の教育プログラムを作ること、そしてプログラムを通じてこの分野のイノベーションを担う人材を育成することが盛り込まれた。

さっそく２０１５年６月に、大阪大学、東京大学および東北大学が米国スタンフォード大学とバイオデザイン・プログラムに関する提携契約に調印。そして、同年10月より、「ジャパン・バイオデザイン・プログラム」がスタートしたのである。

「ジャパン・バイオデザイン」は約1年の少人数精鋭のプログラムで、各大学それぞれが提供するプログラムに加えて、３大学とスタンフォードバイオデザインが連携して提供する合同プログラムの両輪で構成される。

各大学は医師、エンジニア、企業経験者などのメンバーでチーム（基本３〜４名）を構成し、左ページの図表21のようなプロセスをこなしていく。

最初は、対象とする医療分野の臨床知識、デザインシンキングなどを学ぶブートキャンプから開始。医療現場での観察を通して、各チームは約５００のニーズを発見し、その後、市場性など様々な項目で発見したニーズを評価・選別する。

コンセプトのステージでは、選別したニーズに対する解決策をブレイン・ストーミングでアイデアを出した後、知的財産やレギュラトリーなどの観点からコンセプトを選択し、プロトタイプによる検証を重ねながら最終コンセプトを創造する。

さらに、プログラムではニーズから事業化までを一気通貫で牽引できる人材を育成するため、事業化のステージでは特許戦略、薬事戦略、保険償還に加えて、ビジネス戦略など事業化に向けて必要なことを学ぶ。

そして、最終報告にて各チームが1年かけて生み出したニーズ・問題解決のためのコンセ

図表 21　「ジャパン・バイオデザイン」のプログラムとテキスト

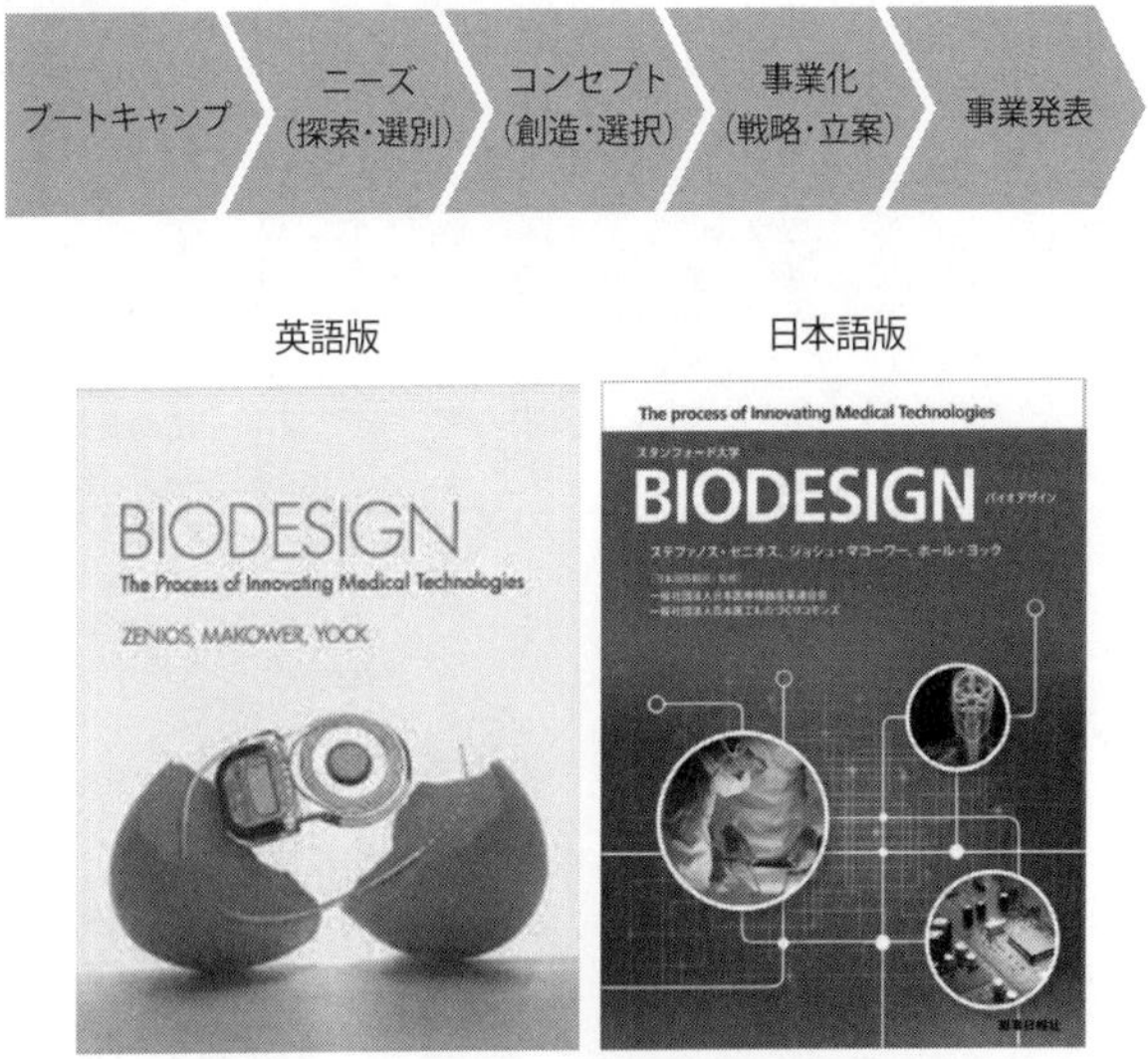

プト・事業プランにより構成される発表を行う。

修了者には、医療機器ベンチャーの起業、各企業内および大学内での研究および起業における製品開発など幅広いキャリアパスが期待されている。

なお、プログラムの指導は、スタンフォードバイオデザインで指導研修を修了した4名のジャパン・バイオデザインファカルティが主に担当する。さらに、特許戦略、薬事戦略、事業化などの内容については、各界から様々な専門講師を招く予定だ。

教材として医療機器開発のバイブルと呼ばれる「BIODESIGN The Process of Innovating Medical Technologies」を用いる。このテキストの日本語版は2015年秋に出版され、売れ行き好調という。

日本でもようやく、官民を挙げて医療機器産業を強化し、またそのための人材育成に取り組む環境が整ってきたといえるだろう。

おわりに

ベンチャーキャピタルがつくる医療機器産業の未来とは?

早いもので、筆者ら(大下および池野)が、海外の医療機器ベンチャーと付き合い始めてから20年近い月日が流れた。その間、様々な技術革新があり、医療機器も大きな進展を遂げてきた。

海外でその過程を直接目にするたびに、なぜ日本でも同様の革新を起こせないのか、日本人として、ずっと歯がゆい想いを抱いてきた。多くのシリコンバレーの起業家や技術者からも、「あれだけハイテク製品を世界に展開している日本が、どうして、医療機器だけ開発できないのか?」と言われてきた。

日本でベンチャーキャピタルをスタートして2年。実際にベンチャー投資に関わる中で、多くの課題を感じている。もちろん、まだ世界的に成功した医療機器ベンチャーがほとんど存在しない日本を最先端のシリコンバレー等と比較すると、あらゆることが不足している。

ベンチャーキャピタルのみならず、ベンチャー企業を興そうとする医師、技術者、研究者等の起業家、ベンチャー企業についての理解、開発を助けるインキュベーション会社等、不足していることを挙げればきりがない。

「日本人はリスクテークできない」「優秀な人材は大企業から出てこない」、あたかも日本人は起業に向いていないというような見方もある。しかし、こと医療機器分野に限れば、成功しているベンチャー企業がほとんど存在しないことが象徴しているように、そもそもリスクとリターンが十分に見合っているとはいえないのも事実である。

アメリカでも、最初から医療機器ベンチャーがたくさん存在していたわけではない。ミネソタ大学でペースメーカーが開発され、メドトロニックという巨大企業が誕生し、それを取り巻くベンチャー企業や中小企業が増え、一大医療機器エコシステムができた。シリコンバレーでもACSが初期のバルーンカテーテル等を開発し、スタンフォード大学を中心としてエコシステムが作られた。

成功事例ができることによって、ようやく、リスクとリターンが見合うようになる。なにか、きっかけとなるような大成功があったから、今のエコシステムがあるのだ。

日本でも同じようなエコシステムが作れるかどうかは、今後、どのような成功事例を生み出せるかにかかっている。単にＩＰＯを達成して、起業家や投資家が儲かったという次元の成功ではなく、実際に医療機器を世に送り出し、世界中の患者がその医療機器によって救われる。それこそが、本当の意味での成功であり、そういう医療機器が日本から出現して初めて、エコシステムが誕生するきっかけになるものと信じている。

より多くの医師、技術者、研究者、企業等が、革新的な医療機器の開発を目指すようになることを心より願っている。

大下 創
池野 文昭

大下 創（おおした はじめ）

MedVenture Partners株式会社 代表取締役

神戸市出身。69年生まれ。中学卒業後すぐに単身で米国に高校留学。大検を経て、大阪外国語大学卒業後、97年、日本ライフラインで初めて医療機器ベンチャーとの接点をもつ。その後、ＩＴＸにて、米国医療機器ベンチャーへの投資を担当。投資先の一社が、ＩＰＯ後にピーク時の時価総額約１４００億円を達成したことから、シリコンバレーで現地採用され、約5年間、米国医療機器ベンチャーへの投資を担当。投資先の多くにリードインベスターとして関与し、大半がExitを達成。脳動脈瘤治療で世界最先端の製品となるPipeline Stentを開発したChestnut Medicalでは、開発初期から投資を実行。リードインベスターを務めるとともに、経営にも深く関与した。

池野 文昭（いけの ふみあき）

MedVenture Partners株式会社 取締役チーフメディカルオフィサー

浜松市出身。67年生まれ。医師。自治医科大学卒業後、9年間、僻地医療を含む地域医療に携わり、日本の医療現場の課題、超高齢化地域での医療を体感する。２００１年渡米。スタンフォード大学循環器科での研究を開始し、以後、多くの米国医療機器ベンチャーの製品開発に創業当時から関与。また、医療機器大手も含む、同分野での豊富なアドバイザー経験を有し、日米の医療事情に精通。研究と平行し、２０１４年から、Stanford Biodesign Advisory Facultyとして、医療機器分野の起業家養成講座で教鞭をとっており、日本版Biodesignの設立にも深く関与。日本にもシリコンバレー型の医療機器エコシステムを確立すべく、精力的に活動している。

経営者新書　167

医療機器開発とベンチャーキャピタル

二〇一六年三月二八日　第一刷発行

著　者　大下　創・池野文昭
発行人　久保田貴幸
発行元　株式会社　幻冬舎メディアコンサルティング
〒一五一-〇〇五一　東京都渋谷区千駄ヶ谷四-九-七
電話〇三-五四一一-六四四〇（編集）
発売元　株式会社　幻冬舎
〒一五一-〇〇五一　東京都渋谷区千駄ヶ谷四-九-七
電話〇三-五四一一-六二二二（営業）
装　丁　幻冬舎メディアコンサルティング　デザイン室
印刷・製本　シナノ書籍印刷株式会社

検印廃止

Printed in Japan　ISBN978-4-344-97460-9　C0247
幻冬舎メディアコンサルティングＨＰ　http://www.gentosha-mc.com/